Dirk Matzen

TATORT HIMMEL

Der Flugverkehr zerstört die Umwelt

VERLAG DIE WERKSTATT

Dirk Matzen

Geboren 1960, Studium der Elektrotechnik. Seit 1984 Mitarbeit bei Robin Wood, später auch beim Arbeitskreis Luft im Landesverband Bürgerinitiativen Umweltschutz (Hannover) zu den Schwerpunktthemen Verkehrspolitik und Luftverschmutzung. Redakteur bei der Zeitschrift „ROBIN WOOD Magazin“. Mitherausgeber des „Klima-Aktionsbuches“, Göttingen 1990.

94 93 92 91
4 3 2 1

1. Auflage Mai 1991

Lotzestr. 24a · D-3400 Göttingen

Titelfoto: Argus-Fotoagentur
Gesamtherstellung: Verlag Die Werkstatt

ISBN 3-923478-43-7

INHALT

Anhang:

Einleitung

Luftangriff auf die Umwelt – Gefahr oder Panikmache?

Fliegen – ein uralter Traum der Menschheit: im Verlauf der vergangenen gut zweihundert Jahre ist dies von der unfaßbaren Wahrheit zum Alltag geworden. Schon in der griechischen Sage versuchte Ikarus, mit Hilfe selbstgebastelter Flügel durch die Luft seiner Gefangenschaft zu entkommen. Die ersten gelungenen Flugversuche gab es jedoch erst im Jahre 1783 durch die von den Gebrüdern Mongolfière konstruierten Heißluftballons. Nicht einmal 100 Jahre ist es her, daß Otto Lilienthal die Gleitflüge gelangen und den Gebrüdern Wright 1905 der erste Motorflug.

Seither geht die Entwicklung immer schneller, die vielbewunderten Flugpioniere sind in Vergessenheit geraten, die Flugzeugpassagiere gehen heutzutage in die Abermillionen, und für viele wurde aus der Lust der Fliegens eine Last: Viele Millionen Menschen leiden unter dem zuweilen unerträglichen Fluglärm, die Abgase stinken im wahrsten Sinne des Wortes zum Himmel, es gibt neue wissenschaftliche Hinweise, daß der Flugverkehr unser Klima in einem zuvor kaum geahnten Ausmaß kaputtmacht. Trotzdem erzielen Flughäfen, Fluggesellschaften und Reiseveranstalter oftmals Zuwächse mit zweistelligen Steigerungsraten im Jahr. Grund hierfür ist vor allen Dingen ein auf Bequemlichkeit und Zeitersparnis ausgelegtes Individualverhalten, sowie eine aufs Tempo angelegte Wirtschaft, in der man in jedem Falle schneller sein muß als die Konkurrenz, um überhaupt ins Geschäft zu kommen.

Die vom Flugzeug ausgehenden Gefahren für die Umwelt sind durch fadenscheinige Zahlenspielereien zumeist von Wirtschaft und Politik bagatellisiert worden. Einige der derzeit bekannten mannigfaltigen Umweltgefahren sollen hier zusammengefaßt werden: Luft- und Lärmbelastung, Energieverschwendung, Bodenvergiftung – und das alles mit der Aussicht, daß sich der Flugverkehr bis zum Jahre 2000 weltweit verdoppeln sowie bis 2010 verdreifachen wird. Auch Umweltgefahren durch Raketen bleiben nicht unbeachtet.

Es ist höchste Zeit, daß der derzeit noch anarchisch auswuchernde Flugverkehr an Grenzen stößt, denn: Auch über den Wolken kann die Freiheit nicht grenzenlos sein.

Ein Blick nach vorn: der Flugzeugboom

Einige Daten und Fakten belegen, daß es immer dringlicher wird, sich mit den Umweltgefahren des Flugverkehrs zu beschäftigen. Insbesondere die explosionsartige Zunahme des Flugverkehrs muß nachdenklich machen. Die voraussichtliche Verdoppelung des jetzigen Transportaufkommens im Flugverkehr bis zum Jahr 2000 drückt sich in Zahlen so aus: Im Jahre 1988 wurden in der zivilen Luftfahrt weltweit 4,4 Millionen Starts und Landungen mit Passagiermaschinen durchgeführt, im Jahre 2000 sollen es Schätzungen zufolge rund 7,5 Millionen sein – bei immer größeren Flugzeugen.

Derzeit wird der zivile Personentransport von weltweit rund 9.000 Verkehrsflugzeugen bewältigt, aber die Auftragsbücher der Flugzeughersteller sind prall gefüllt – wie niemals zuvor. Schätzungen des amerikanischen Stanford Research Institute (SRI) sagen aus, daß in 20 Jahren der Bedarf an neuen Flugzeugen bei 11.000 liegt. Am 1. Juli 1989 hatten die weltweit größten Airlines bereits 2.920 neue Flugzeuge in Auftrag gegeben – ein gewaltiger Wirtschaftsfaktor, stellen doch bereits diese fest vergebenen Aufträge einen Wert von rund 260 Milliarden Mark dar! Allein in Europa werden derzeit jährlich rund acht Milliarden Mark in neue Flugzeuge gesteckt.

Denn: gerade auch für Europa werden für die Luftverkehrsgesellschaften wahrlich goldene Zeiten vorausgesagt. So soll sich allein in Europa die mickerige Zahl von insgesamt 267 Millionen Fluggästen im Jahre 1988 bis zum Jahr 2000 auf 500 Millionen nahezu verdoppeln. Bis 2010 sagen Experten der weltweiten Interessenvertretung der Luftverkehrsgesellschaften IATA nahezu eine Verdreifachung auf rund 740 Millionen Fluggäste voraus.

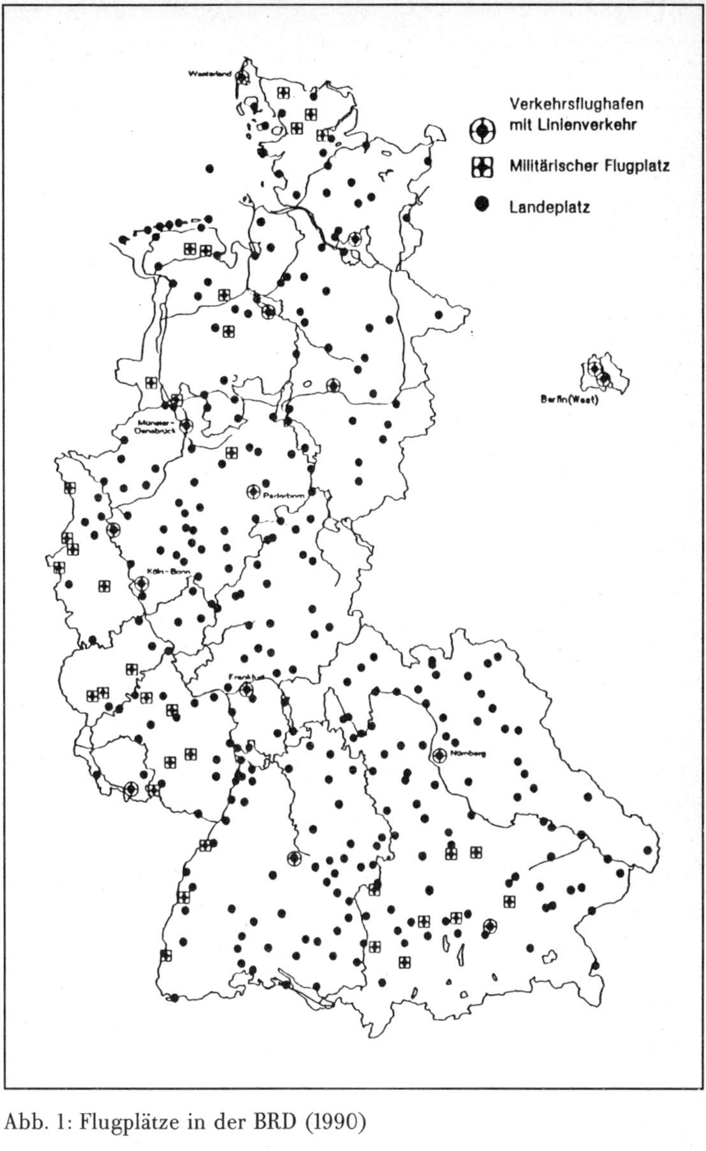

Abb. 1: Flugplätze in der BRD (1990)

Ein noch größerer Boom wird dem wirtschaftlich schnell wachsenden Fernen Osten vorausgesagt: Durchschnittliche jährliche Steigerungsraten von mindestens acht Prozent werden dort mittelfristig erwartet. Etwas länger wird es in Osteuropa dauern, bis das Fliegen solch traumhafte Zuwachsraten schaffen wird. Erst wenn die Marktwirtschaft sich dort durchgesetzt hat und eine wirtschaftliche Potenz ähnlich des Westens erreicht worden ist, erwartet man einen Zuwachs wie im Westen in den letzten Jahren.

Es scheint nur die Frage zu sein, wieviele Millionen Passagiere die Luftverkehrsgesellschaften gleichzeitig zu transportieren imstande sind und wieviel Platz der Luftraum hierfür hergibt.

Auch die Flughafenbetreiber stellen sich auf die für sie großartigen Dinge ein, die da kommen werden. Flughafenaus- und -neubauten sind weltweit an der Tagesordnung. Auch nahezu jeder bundesdeutsche Airport versucht derzeit, einen Ausbau durchzusetzen. Nordöstlich von München entsteht der neue, gigantische Flughafen München 2 – und zieht bereits jetzt seine Kreise in Form von zahlreichen Verkehrsanbindungen (vor allem Straßen), die letztendlich den Umbau einer ganzen Region bedeuten. Auch im hohen Norden der Republik grübelt man: Soll der Hamburger Flughafen ausgebaut werden, soll ein neuer Großflughafen ins schleswig-holsteinische Kaltenkirchen, oder gar ins niedersächsische Büchen, oder in die Mitte zwischen Berlin und Hamburg nach Mecklenburg-Vorpommern? Letzteres hätte den Vorteil, sicherlich leichter durchgesetzt werden zu können, da die Bevölkerung die Folgen eines solchen Ungetüms kaum abschätzen kann. Aber: dies sind lediglich punktuelle Probleme, die jedoch symptomatisch sind.

Deutlich wird insgesamt: Der Flugverkehr ist ein ins Gigantische wachsendes, grenzenloses Geschäft. Kein Wunder, daß die meisten Kenner der Materie sich in der Prognose einig sind, daß der Flugverkehr in seiner Gesamtheit bereits im Jahre 2000 zum weltweit größten Industrie- und Wirtschaftszweig geworden ist!

Auch wenn man auf Seiten eben dieses Industriezweiges bisher Umweltprobleme leugnet: Nicht erst bei den für die Zukunft zu erwartenden Verhältnissen, sondern auch schon jetzt ist es dringend nötig, die durch Flugzeuge verursachten Umweltschäden zu untersuchen, damit nicht wieder einmal gewartet wird, bis sich drastische Folgen einstellen. Diese sind bei dem grenzenlosen Flugverkehr schnell auch ein grenzenloses und somit globales Problem.

Flugzeuge im Vergleich: Ein hoher Energieverbrauch

Flugzeuge haben einen gewaltigen Kerosin-Durst. Um diese unbestreitbare Tatsache ranken sich zuweilen Zahlenspiele und griffige Vergleiche, die den hohen Energieeinsatz in der Fliegerei verdeutlichen sollen.

Gängige Angaben in kritischen Publikationen sind z.B.: In den ersten Minuten des Starts verbrauche eine Boeing 747 („Jumbo Jet") 6.500 Liter Treibstoff, eine Menge, mit dem ein Auto fünf Jahre lang energieverschwenderisch betrieben werden könne. Allein in Frankfurt sollen jährlich durch den zivilen Luftverkehr 1,9 Milliarden Liter Kerosin betankt worden sein. Selbst wenn der gesamte deutsche Wald gesund wäre, soll seine gesamte Tagesproduktion an Sauerstoff allein durch den Start von 36 Jumbo-Jets verbraucht sein.

Nun, solche Vergleiche hinken meist gewaltig. Dennoch bleibt richtig, daß der Flugverkehr wesentlich gewaltigere Energiemengen verschlingt als die anderen Verkehrsmittel. Und wo Energie verbraucht wird, insbesondere wo fossile Energieträger verbrannt werden, dort wird die Umwelt belastet. Uns allen sind mittlerweile die seit mehr als zehn Jahren vorgebrachten Warnungen von Wissenschaftlern geläufig, die den Treibhauseffekt bekannt gemacht haben. Gerade die Verbrennung der fossilen Energieträger fördert diesen Treibhauseffekt kräftig. Die konkreten Folgen dieser massiven Erwärmung der Erdatmosphäre lassen sich bisher nur erahnen, sie sind jedoch auf jeden Fall so drastisch, daß inzwischen sogar viele Politiker einen Handlungsdruck erkennen.

Dies ist Grund genug, den Energiedurst des Flugverkehrs unter die Lupe zu nehmen. So läßt sich der Energieverbrauch erst einordnen, wenn man einen Vergleich mit anderen Verkehrsträgern anstellt. Es ist dabei sicherlich einmal interessant, die tatsächlich erbrachten Transportleistungen mit dem Energieverbrauch in Beziehung zu setzen. Zweifellos ist nach solchen Untersuchungen noch immer strittig, ob die erbrachten Verkehrsleistungen in diesem Umfang denn überhaupt vonnöten sind. Diese Überlegungen werden hier jedoch erst einmal verbannt und am Ende des Buches wieder aufgegriffen. Hier soll zunächst anhand von einigen Zahlen belegt werden, wie unwirtschaftlich Flugzeuge im Vergeich zu anderen Verkehrsträgern sind. Erst massive staatliche Subventionen (Flugbenzin, Flugzeugbau) lassen das Flugzeug auf dem Markt so konkurrenzfähig bleiben, wie es derzeit ist.

In der Antwort auf eine Anfrage im Deutschen Bundestag wurden von der Deutschen Bundesregierung im Jahre 1984 für verschiedene Flugzeugtypen die folgenden Mengen an Treibstoffverbrauch für Lande- und Startphase zusammengenommen genannt (in Liter):

Boeing 737, Douglas DC 9	1.100 l
Boeing 727	1.680 l
Boeing 747 („Jumbo-Jet")	3.400 l
Douglas DC 10, Lockheed TriStar L-1011	2.530 l
Airbus A 300	1.650 l

Pro Stunde Reiseflug liegen die Verbrauchszahlen für diese gängigen Flugzeugtypen wie folgt:

Boeing 737, Douglas DC 9	3.180 l
Boeing 727	5.460 l
Boeing 747 („Jumbo-Jet")	16.000 l
Douglas DC 10, Lockheed TriStar L-1011	11.560 l
Airbus A 300	7.430 l

Diese „offiziellen" Zahlen dürfen jedoch angezweifelt werden. So werden, verschiedenen Fachpublikationen zufolge, von dem Bordcomputer eines Boeing 747 „Jumbo" in den ersten Minuten des Starts nicht „nur" insgesamt 3.400 Liter Kerosin verbrannt, sondern allein rund 1.300 Liter für das Rollen zum Startpunkt und dann noch einmal rund 6.800 für Start und Steigflug. Die üblichen Angaben für den Reiseflug stimmen jedoch weitgehend überein. 16.000 Liter Kerosinverbrauch pro Stunde Reiseflug für einen Jumbo sind natürlich eine gewaltige Menge. Wenn man bedenkt, daß rund 500 solcher Jumbos in Betrieb sind und jeder hiervon im Durchschnitt 13 Stunden am Tag fliegt, dann wird dies deutlich. Eine tägliche Menge von ca. 100 Millionen Liter Kerosin wird also allein von den Jumbos beim Reiseflug verbrannt!

Leicht kann man jetzt eine Verbrauchsrechnung für den Reiseflug auftun, ähnlich wie sie bei Autos üblich ist. Hierfür soll beispielhaft das erste angefertigte Modell der Airbus-Serie, der A 300, dienen. Beim Reiseflug werden in einer Stunde rund 900 Kilometer zurückgelegt. Dies bedeutet einen Treibstoffverbrauch von 825 Litern pro einhundert Kilometern. Der A 300 bietet rund 300 Passagieren Platz. Hieraus folgt, daß bei voller Auslastung des Flugzeuges pro beförderter Person rund 2,7 Liter Treibstoff für 100 Kilometer benötigt werden.

Hieraus kann ersehen werden (für viele sicherlich überraschend), daß der Energieverbrauch bei der Streckenfahrt auch eines energiesparenden Autos höher ist, wenn er mit nur einer Person besetzt ist. Werden jedoch die besonders energieaufwendigen Starts und Landungen der Flugzeuge berücksichtigt, so verschiebt sich dieses Verhältnis schon ein wenig. Da zudem insbesondere Linienflugzeuge oft über eine unzureichende Auslastung verfügen, Autos hingegen (zumindest ab und zu) auch mit Beifahrern und -fahrerinnen unterwegs sind, verschieben sich die oben genannten – für die Flugzeuge idealen – Verhältnisse immer weiter zugunsten von anderen Verkehrsträgern.

Spezifischer Energieverbrauch der einzelnen Verkehrsträger im Vergleich

Neue Entwicklungen in der Technik machten auch vor dem Flugverkehr nicht Halt. So gab es durchaus erfolgreiche Ansätze, den Treibstoffverbrauch zu senken. Die Lufthansa konnte (eigenen Angaben zufolge!) in ihrer Flugzeugflotte den relativen Spritverbrauch (Spritverbrauch pro Transporteinheit) innerhalb von zwanzig Jahren nahezu halbieren. Eine sicherlich unstrittig verbesserte Energieausnutzung.

Um einen brauchbaren Vergleich der verschiedenen Verkehrsträger hat sich das Heidelberger Institut für Energie- und Umweltforschung (IFEU) gemeinsam mit dem TÜV-Rheinland bemüht. In einem aufwendigen Projekt wurden Energieverbrauchsfaktoren für die verschiedenen Nutzungsformen der gängigen Verkehrsträger errechnet. Hierfür wurden zunächst die jeweils erbrachten Verkehrsleistungen bestimmt, also festgestellt, wieviele Personenkilometer in der Bundesrepublik mit den einzelnen Verkehrsmitteln insgesamt bewältigt wurden. Außerdem wurde die hierfür jeweils eingesetzte Primärenergie bestimmt. Hieraus läßt sich dann leicht errechnen, wie groß der Energieeinsatz pro Personen- bzw. Tonnenkilometer ist. So erhält man natürlich nur durchschnittliche Angaben, aber mehr als einen grundsätzlichen Überblick darf man von solchen Rechnungen im allgemeinen sowieso nicht erwarten.

Es ergaben sich bei dieser vom IFEU durchgeführten Rechnung für den Personenverkehr die folgenden Daten des spezifischen Energieverbrauchs (Zahlenbasis 1987, angegeben werden Kilojoule pro Personenkilometer kJ/Pkm):

Gewerblicher Flugverkehr im Inland	3.990 kJ/Pkm
Gewerblicher Flugverkehr ins Ausland	2.030 kJ/Pkm
Personenkraftwagen/Kombi	2.560 kJ/Pkm
Eisenbahn (mit S-Bahn) im Nahverkehr	1.680 kJ/Pkm
Eisenbahn im Fernverkehr	940 kJ/Pkm
Linienbusse im Nahverkehr	850 kJ/Pkm
Gelegenheitsbusfahrten im Reiseverkehr	390 kJ/Pkm
Straßen-, Stadt-, U-Bahnen	1.020 kJ/Pkm
motorisierte Zweiräder	1.370 kJ/Pkm

Bei diesen Daten handelt es sich um die neuesten verfügbaren Daten zu diesem Komplex, sie wurden unter anderem auch von der Enquete-Kommission „Vorsorge zum Schutz der Erdatmosphäre“ des 11. Deutschen Bundestages so angegeben. Auffallend ist zunächst, daß der Flugverkehr gar nicht so schlecht abschneidet, wie zunächst vielleicht angenommen werden könnte. Beim Fernverkehr in das Ausland liegt der Flugverkehr allein vom Standpunkt des Energieverbrauchs her betrachtet sogar noch günstiger als die Gesamtbetrachtung für die PKW. Leider jedoch hinkt dieser Vergleich. Denn gerade für den Sektor des PKW-Verkehrs hat das IFEU-Institut keine nach Nah- (bzw. Stadt-) und Fernverkehr differenzierte Betrachtung durchgeführt. Im allgemeinen ist es jedoch so, daß gerade der Stadtverkehr besonders energiefressend ist, und zudem die Fahrzeugauslastung zumeist schlechter ist als bei Fernfahrten. Würde dies berücksichtigt, dann würde man wahrscheinlich zu etwa gleich großen Verbrauchsfaktoren kommen – ein Resultat, das viele sicherlich überrascht.

Katastrophal ist jedoch der Energieverbrauch im inländischen Flugverkehr – er überbietet alle Transportarten um Längen. Hier macht sich besonders der enorm energieaufwendige Start und Aufstieg der Flugzeuge bemerkbar. Bedacht werden sollte zudem, daß diese Flugstrecken für den Autoverkehr auch schon als Fernverkehr anzusehen wären, was bedeutet, daß beim Fliegen ungefähr die doppelte Energiemenge wie beim Auto verbraucht wird.

Nicht unerwähnt bleiben soll zudem, daß das Umweltbundesamt einen wesentlich höheren Wert für den Energieeinsatz angibt, nämlich einen Gesamtwert von 5.004 kJ/Pkm. Dieser Wert basiert allerdings auf der Zahlenbasis von 1985, ist also ein wenig älter. Aber auch nicht so viel älter, um den extrem großen Unterschied zu erklären, denn dermaßen kurzfristig setzen sich die etwas weniger energieaufwendigen Flugzeuge nun auch wieder nicht durch. Eine Beurteilung, welche dieser beiden Werte die wahren Verhältnisse genauer trifft, ist an dieser Stelle nicht möglich.

Bei den oben aufgeführten Vergleichen darf allerdings nicht übersehen werden, daß auch das Auto schon einen äußerst ungünstigen spezifischen Energieverbrauch aufzuweisen hat. Dies wird bei einem Gesamtvergleich der Tabelle deutlich. Dort erscheint der Reisebus als das mit Abstand am wenigsten energieaufwendige Transportsystem – er ist sage und schreibe um den Faktor 10 besser als das Flugzeug. Und immer noch deutlich besser als die Eisenbahn. Dies mag verwundern, wird jedoch verständlich bei Berücksichtigung der Tatsache, daß bei der Stromerzeugung für die Eisenbahn sehr große Umwandlungsverluste entstehen. Bei der Stromerzeugung mit fossilen Brennstoffen (zumeist Kohle) gehen in der Regel zwei Drittel der eingesetzten Energie als Abwärme verloren, und nur ein Drittel läßt sich in den nutzbaren Strom umwandeln, der zur Fortbewegung genutzt werden kann.

Trotzdem bleibt die Eisenbahn im Fernverkehr um mehr als den Faktor zwei günstiger im Energieverbrauch als Flugzeuge und Autos. Dieser Energieverbrauch äußert sich zudem in den ausgestoßenen Schadstoffen. Insbesondere die Emission des klimaschädlichen Kohlendioxids ist annähernd direkt proportional zu dem spezifischen Primärenergieverbrauch. Mehr zum Schadstoffausstoß steht in den entsprechenden Buchkapiteln.

Beim Güterverkehr schneidet der Flugverkehr noch katastrophaler ab. Hier ergeben sich aus den realen Transportverhältnissen folgende Daten: Es werden im Inlandsgütertransport (ja, auch den gibt es per Flugzeug) rund 36.000 kJ/Tonnenkilometer (tkm) verbraucht. Im grenzüberschreitenden Verkehr wird diese Bilanz etwas besser: ca. 14.000 kJ/tkm werden aufgewendet. Damit liegt der Flugverkehr energetisch erheblich ungünstiger als alle anderen Transportsysteme. Folgende Tabelle gibt dies analog zu der obigen Tabelle für den Gütertransport wieder (Zahlenbasis 1987, angegeben werden Kilojoule pro Tonnenkilometer, leider liegen keine nach Nah- und Fernverkehr differenzierten Daten vor):

Flugzeuge	15.800 kJ/tkm
Lastkraftwagen	2.889 kJ/tkm
Eisenbahnen	677 kJ/tkm
Binnenschiffe	584 kJ/tkm
Rohrfernleitung (also vor allem Pipelines)	168 kJ/tkm

Dieser enorme Treibstoffverbrauch der Fliegerei zieht einen Kohlendioxidausstoß nach sich, der um den Faktor 28 energieverschwenderischer ist als die Binnenschiffahrt, um denselben Faktor schlechter als die Bahn und immer noch um das Sechsfache schlechter als LKW. Am besten stehen jedoch die Pipelines da, allerdings sind sie nur für einen schmalen Einsatzbereich geeignet. Immerhin sind sie im Schnitt beim Energieverbrauch um den Faktor 94 besser als Flugzeugtransport.

Im Inlandsverkehr sieht diese Bilanz für die Luftfahrt noch erheblich schlechter aus, bei Fernflügen verbessert sich dieses Verhältnis ein wenig zugunsten des Flugzeugs, ohne jedoch auch nur annähernd an die Werte der anderen Transportsysteme heranzukommen. Gerade auf diesem Gebiet wird besonders deutlich, daß das Flugzeug ein extremer Energieverschwender ist.

Schon allein diese Fakten sollten als Grund ausreichen, um die Rolle des Flugverkehrs, ja des ganzen Verkehrswesens, neu zu überdenken. Ein energetisch möglichst günstiger Verkehrsablauf sollte bei vernünftigem Bedacht sowohl politisch, als auch von der privaten Nutzung her angestrebt werden. Denn: ob man den übergroßen Verbrauch der Energieverschwender im Verkehrswesen nun direkt an der Zapfsäule bezahlt oder aber als Steuerzuschuß für den Flugzeugverkehr (da dieser ansonsten zu teuer würde) – bezahlen müssen wir die verbrauchte Energie im Transportwesen in jedem Fall. Wer die teure Bahn beklagt, muß sich auch einmal vor Augen halten, wie extrem teuer die anderen Verkehrsträger insgesamt kommen, wenn alle betriebs- und volkswirtschaftlichen Kosten Berücksichtigung finden. Lediglich für die allerteuersten (Auto, Flugzeug) ist der Staat nur allzu gern bereit, Steuergelder dazuzulegen.

Wissenswertes zum Energieträger Kerosin

Wie das IFEU in der genannten Untersuchung berechnete, hatte der zivile Flugverkehr, der der Bundesrepublik zugeschrieben werden muß, im Jahre 1987 einen Treibstoffverbrauch von 6,05 Millionen Tonnen (bzw. ca. 7.700.000.000 Liter). Ein Kilogramm des üblichen Treibstoffes hat einen Energieinhalt von von rund 43 MJ (MegaJoule, also 10^6 Joule, der international gültigen Einheit für Energie). Der Treibstoffverbrauch des Flugverkehrs der Bundesrepublik entspricht rund 260 PJ (PJ = Petajoule = 10^{15} Joule). Hiermit nimmt allein die bundesdeutsche Fliegerei immerhin schon fast ein Tausendstel des gesamten Weltenergieverbrauchs für 1987 für sich in Anspruch.

Wenn man von einem Tonnenpreis von 500 DM ausgeht, dann bedeutete dieser Treibstoffaufwand, daß gut drei Milliarden DM hierfür aufgewendet wurden. Wofür eigentlich – woraus besteht Kerosin, welche Stoffe gelangen über unverbrannten Treibstoff also auch in die Umwelt?

Düsenkraftstoff besteht vor allen Dingen aus Kohlenwasserstoffverbindungen. Diese sind in den Kraftstoffen hauptsächlich als Paraffine, Monocycloparaffine, Dicycloparaffine, Alkylbenzole, Indane und Tetraline enthalten – wovon jede Gruppe für sich wieder eine große Anzahl einzelner Verbindungen repräsentiert. Die physikalischen und chemischen Daten der Vielzahl der Kohlenwasserstoffe sind oftmals auch nur grob bekannt. Die Darstellung hiervon würde den Rahmen des Buches bei weitem sprengen. Es läßt sich jedoch zusammenfassend noch angeben, daß der Gehalt an aromatischen Verbindungen (also ringförmiger Kohlenwasserstoffverbindungen) zwischen 17 und 22 Prozent liegt.

Neben diesen mannigfaltigen Kohlenwasserstoffen werden dem Flugtreibstoff gezielt noch zahlreiche Zusätze zugemischt. Auf diese soll hier ein wenig näher eingegangen werden, da es sich um einen einigermaßen überschaubaren Bereich handelt. Im einzelnen finden Verwendung:

Antioxidantien: Unter Einfluß von Sauerstoff kann im Treibstoff eine Harzbildung einsetzen. Um dieses zu verhindern, werden dem Treibstoff verschiedene Phenol-Verbindungen (so wohlklingende Verbindungen wie 2,6-Ditert-butylphenol bzw. 2,4-Dimethyl-6-tert-butylphenol) bis zu einer Menge von maximal 24 mg/l beigemengt.

Metall-Deaktivatoren: Die oben genannte Harzbildung kann durch Rückstände von Schwermetallen beschleunigt werden. Daher werden zusätzlich Stoffe eingesetzt, die diese Metallspuren deaktivieren sollen. Hierfür sind folgende beiden Verbindungen zugelassen: N,N'- Disalicyliden-1,2-diaminoäthan und N,N'-Disalicyliden-1,2- diaminopropan.

Antistatik-Additive: Beim Befüllen von Tankwagen und beim Betanken von Flugzeugen kann es zu elektrostatischen Aufladungen kommen, die zu Funkenflug und dadurch zu Explosionen und Bränden führen können. Um dies zu vermeiden, muß der elektrische Widerstand des Flugbenzins verringert werden. Dies wird durch Zumischung diverser Salze, die sich zum Beispiel aus Chrom- und Calziumsalzen zusammensetzen. Auch andere Verbindungen auf Stickstoff- oder Carbonsäuren-Basis kommen zum Einsatz, ebenso wie weitere Metallsalze.

Vereisungsverhinderer: Zur Vermeidung von Eisbildung im Kraftstoff wird eine Mischung aus Äthylenglykolmonomethyläther und Glyzerin beigemischt.

Rostschutzmittel: Diese dienen auch zugleich als Schmiermittel der Einspritzpumpen und sollen zudem vor Korrosion schützen. Eingesetzt werden Amine, Alkylaminsalze von Phosphorsäure, Phosphorsäureestern und Carbonsäuren.

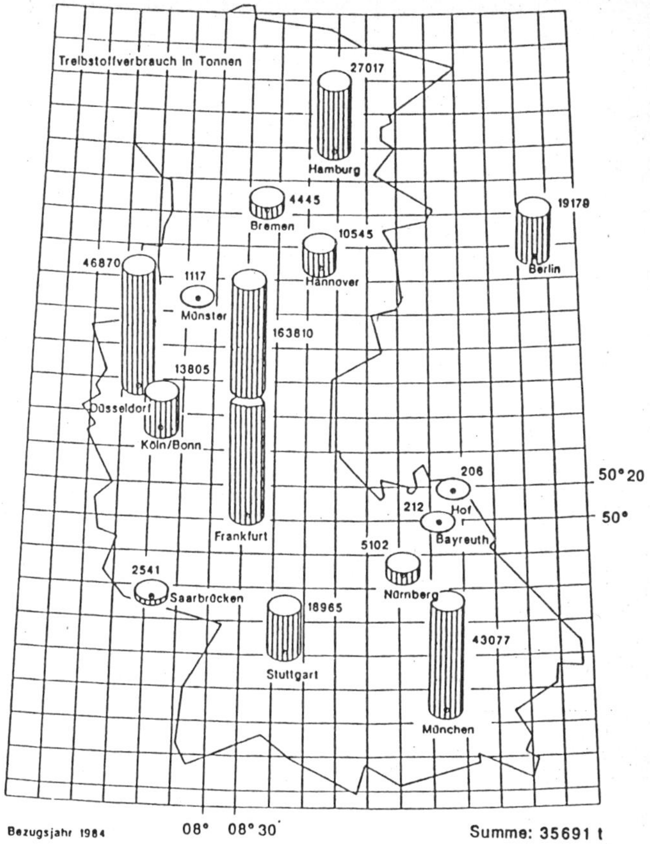

Abb. 2: Schematische Darstellung des Jahreskraftstoffverbrauchs des Passagierflugverkehrs 1984 für Höhen bis 5.000 Fuß um die größten Flughäfen herum (Quelle: TÜV Rheinland)

Biozide: Es gibt Bakterien und Pilze, die sich von Kohlenwasserstoffen ernähren und diese umwandeln. Schlammbildung und Korrosionserscheinungen in Tanks werden hierauf zurückgeführt. Der direkte Zusatz von Bioziden zum Kraftstoff ist noch nicht zugelassen (allerdings nur, da negative Einflüsse auf die Kraftstoffeigenschaften befürchtet werden), wohl aber werden die Tanks zum Teil mit Bioziden behandelt. Zum Beispiel mit einem Borsäureester des Butan- und Hexandiols, wovon aller Wahrscheinlichkeit nach Rückstände im Tank verbleiben.

Bei dem Flugzeug-Energieträger Kerosin handelt es sich also um ein sehr komplexes Gemisch der unterschiedlichsten chemischen Verbindungen.

Neben den in Kraftstoffen immer in großer Zahl vorhandenen diversen Kohlenwasserstoffen geht also noch eine Menge anderer Verbindungen durch die Flugzeugdüsen. Was hiermit nach dem Ausstoß geschieht, ob diese Stoffe im Abgasstrahl oder der freien Atmosphäre umgewandelt werden und mit welchen Folgen, dies ist alles nicht einmal in Ansätzen bekannt. Und diesem Bereich wird bisher auch kaum Bedeutung beigemessen, da die Ausgangsstoffe im Treibstoff bereits in nur geringen Mengen enthalten sind. Einzelne Berichte weisen auf eine große Zahl von Metallen im Abgas hin. Erstaunlich hierbei ist zuweilen, daß gerade Schwermetalle im Abgas nachzuweisen sind, die offiziellen Angaben zufolge im Treibstoff als Verunreinigung gar nicht vorkommen sollen – und umgekehrt. Präzise Untersuchungen hierzu sind überfällig.

Flugzeugabgase: Der Dreck von oben

Über viele Jahre stießen die von Flugzeugen ausgestoßenen Abgase kaum irgendwo auf ernsthaftes Interesse. Im Laufe der 70er Jahre, als weltweit nach Jahren des ungezügelten Wirtschaftswachstums die ersten breitgefächerten Umweltbewegungen entstanden, war zeitweilig auch der Flugverkehr Ziel von Initiativen zur Luftreinhaltung. Ursache hierfür waren sicherlich die weithin sichtbaren Rauchfahnen, die alle Düsenflugzeuge seinerzeit vor allem bei den Starts hinter sich herzogen. Diese setzten sich hauptsächlich aus Ruß (also Kohlenstoff), Kohlenwasserstoffverbindungen (CnHm) und Kohlenmonoxid (CO) zusammen – alles Folgen einer unvollständig ablaufenden Verbrennung in den Turbinen. Eine tatsächlich vollständige Verbrennung hätte nur den Ausstoß von Kohlendioxid und Wasserdampf zur Folge.

Damalige Bemühungen gingen vor allem in die Richtung, die Emission der genannten Verbindungen zu reduzieren. Es wurden Triebwerke mit einer besseren Kerosinverbrennung entwickelt, wodurch sich die spezifischen Emissionen tatsächlich deutlich minderten und somit eine bessere Kraftstoffausnutzung erreicht wurde, was auch als Energiesparmaßnahme diente. Durch den gewaltigen Anstieg des Luftverkehrs (nur während der Ölkrisen wurde der Boom ein wenig abgeschwächt) wurde die Minderung der relativen Schadstoffemission jedoch wieder wettgemacht, so daß trotz besserer Triebwerke die insgesamt ausgestoßenen Schadstoffmengen stagnierten oder sogar noch stiegen.

Zudem wirkten sich diese Bemühungen um eine Senkung der Schadstoffe Ruß, Kohlenwasserstoffe und Kohlenmonoxid fatal auf den Ausstoß eines anderen Schadstoffes aus: Eine optimierte Verbrennung mit einem geringeren Ausstoß unvollständig verbrannter Treibstoffanteile bedeutet zugleich eine höhere Verbrennungstemperatur. Und dies ist wiederum gleichbedeutend mit einem Anstieg der Stickstoffoxidemissionen. Die vom Standpunkt des Umweltschutzes her problematischen Stickoxide entstehen nämlich nur in sehr geringem Ausmaß als unmittelbares Verbrennungsprodukt des Treibstoffs, sondern mittelbar, indem durch die bei allen Verbrennungen entstehende Hitze normaler Luftstickstoff (N_2) aufgespalten wird und sich mit ebenso aufgespaltenem Luftsauerstoff (O_2) eben zu Stickoxiden, meist zunächst Stickstoffmonoxid, verbindet. Als Faustregel gilt, daß mit höheren Verbrennungstemperaturen der Ausstoß an Stickoxiden ebenso steigt.

Mit der Entwicklung von vermeintlich umweltfreundlichen Triebwerken in den 70er Jahren ist also der „Teufel mit dem Beelzebub" ausgetrieben worden, indem die Minderung des Ausstoßes des einen Schadstoffes durch die Erhöhung eines anderen ersetzt worden ist – ähnliches gab es seinerzeit beim Auto.

Ein paar Zahlen in folgender Tabelle belegen dies eindrucksvoll. Die in verschiedene Flugzeuge vom Typ Boeing und neuerdings vom Typ Airbus eingebauten Triebwerke brachten im Laufe der Jahre zwar deutlich verminderte Emissionen an Kohlenwasserstoffen und Kohlenmonoxid, jedoch ebenso eine deutliche Steigerung beim Stickoxid. Auch wenn von Seiten der Triebwerkshersteller versucht wird, durch konstruktive Maßnahmen ein Ansteigen der Stickoxidemissionen zu verhindern, so ist dies bisher kaum gelungen.

Triebwerksname	JT 3D	CF6-50	JT8D-17	CF6-80
eingebaut in	Boeing 707	Boeing 747	Boeing 737	Airbus A310
seit	1961	1975	1983	1983
Emissionen pro Testzyklus:				
C_nH_m	313 g	49 g	37 g	8 g
CO	282 g	97 g	113 g	33 g
NO_x	34 g	60 g	60 g	54 g

Während also der spezifische Ausstoß eines Flugzeugmotors bei Kohlenwasserstoffverbindungen und Kohlenmonoxid in rund zwanzig Jahren auf Bruchteile des früher Üblichen absank, hat sich die Stickoxidemission bei den modernen Triebwerken allen Bemühungen zum Trotz fast verdoppelt.

Wieviel Schadstoffe werden von Flugzeugen insgesamt ausgestoßen?

So aufschlußreich die Zahlen auch sein mögen: sie sagen letztendlich noch nichts darüber aus, wie groß die von Flugzeugen tatsächlich ausgestoßenen Schadstoffmengen insgesamt sind. Denn es ist ja schön, wenn der spezifische Schadstoffausstoß in zwanzig Jahren zum Teil um 90 Prozent gesenkt werden konnte. Dies ist für die Umwelt jedoch kaum eine Verbesserung, wenn sich das Luftverkehrsaufkommen in diesem Zeitraum vervielfacht. Denn auch schadstoffärmere Flugzeugmotoren brauchen viele Jahre, ehe sie sich auf dem Markt durchsetzen. So fliegen auch heute noch etliche Exemplare der alten Boeing 707 mit den antiquierten Triebwerken über unseren Köpfen. Auch ist es so, daß die bei den großen und modernen Fluggesellschaften ausgemusterten älteren Flugzeuge nicht etwa verschrottet werden, sondern sehr oft an die nicht so finanzkräftigen Fluggesellschaften der sogenannten „Dritten Welt“ preiswert verkauft werden. Auf diese Weise fliegen diese alten und zumeist auch sehr lauten Dreckspatzen weiterhin umher. Wenn vornehmlich auch nur noch seltener direkt über unseren Köpfen...

Um nun genauer in Erfahrung zu bringen, wie groß die von Flugzeugen ausgestoßenen Mengen der Schadstoffe sind, hat die Bundesregierung den TÜV Rheinland beauftragt, die Abgasemissionen über dem Gebiet der Bundesrepublik zu ermitteln. Die Abschlußstudie des TÜV wurde im Sommer 1989 veröffentlicht. Ermittelt wurden in diffiziler Kleinarbeit die verschiedenen Schadstoffemissionen von zivilen und militärischen Flugzeugen für verschiedene Höhenbereiche für ein auf das bisherige Gebiet der Bundesrepublik projeziertes Raster. Auf einige wichtige Ergebnisse dieser Studie soll hier näher eingegangen werden.

Alles zusammengerechnet ermittelte der TÜV folgenden Energieverbrauch sowie Schadstoffemissionen durch Flugzeugverkehr über dem Gebiet der Bundesrepublik (die Werte in Klammern geben an, wieviel Prozent hiervon vom zivilen / militärischen Flugverkehr emittiert wurden):

	gesamt	% zivil / % militärisch
Kraftstoffverbrauch	2.802.439 t	(57,0 % / 43,0 %)
Kohlendioxid CO_2	8.800.000 t	(57,0 % / 43,0 %)
Kohlenmonoxid CO	47.823 t	(48,4 % / 51,6 %)
Stickstoffoxide NO_x	28.892 t	(64,8 % / 35,2 %)
Kohlenwasserstoffe C_nH_m	9.156 t	(44,6 % / 55,4 %)
Schwefeldioxid SO_2	2.746 t	(58,0 % / 42,0 %)

Hinzu kommt allein im zivilen Bereich 656.944 Tonnen Wasserdampf in Flughöhen über 30.000 Fuß (= 9.140 m), die sich zunehmend als klimarelevant erweisen (s. Kapitel zu den Klimafolgen; Angaben über Wasserdampfemissionen militärischer Flüge, die teilweise in noch wesentlich größere Höhen gehen, fehlen völlig).

TÜV-Studie mit alten, längst überholten Daten

Bei diesen beeindruckend hohen Zahlen muß berücksichtigt werden, daß in der 1989 veröffentlichten Studie die Berechnungen des TÜV auf dem für 1984 ermittelten Luftverkehrsaufkommen basieren. Seit 1984 hat jedoch vor allen Dingen der zivile Flugverkehr weiterhin drastisch zugenommen, bis 1989 an den größten bundesdeutschen Flughäfen zwischen rund 50 bis 100 Prozent. Die Schadstoffemissionen des zivilen Flugverkehrs stiegen natürlich in ähnlicher Größenordnung. Es ist verwunderlich, daß der TÜV in seiner Studie auf solch altes Datenmaterial zurückgreift, denn es wäre für den TÜV kein unüberwindliches Problem gewesen, von den Flughäfen und den zuständigen Institutionen (z.B. Bundesanstalt für Flugsicherung) aktuellere Zahlen zu erhalten.

Es ist nicht auszuschließen, daß die niedrigeren Zahlen auch so beabsichtigt sind, um die Zahlen ein wenig schöner erscheinen zu lassen als die aktuellen. Es läßt sich aufgrund der Zunahme des Flugverkehrs also grob abschätzen, daß auf dem Gebiet der Bundesrepublik die Stickstoffoxidemissionen im Flugverkehr 1990 bei ca. 45.000 bis 50.000 Tonnen gelegen haben müssen, wenn man die TÜV-Berechnungen als Basis nimmt. Für die anderen Schadstoffe ist eine solche Abschätzung schwieri-

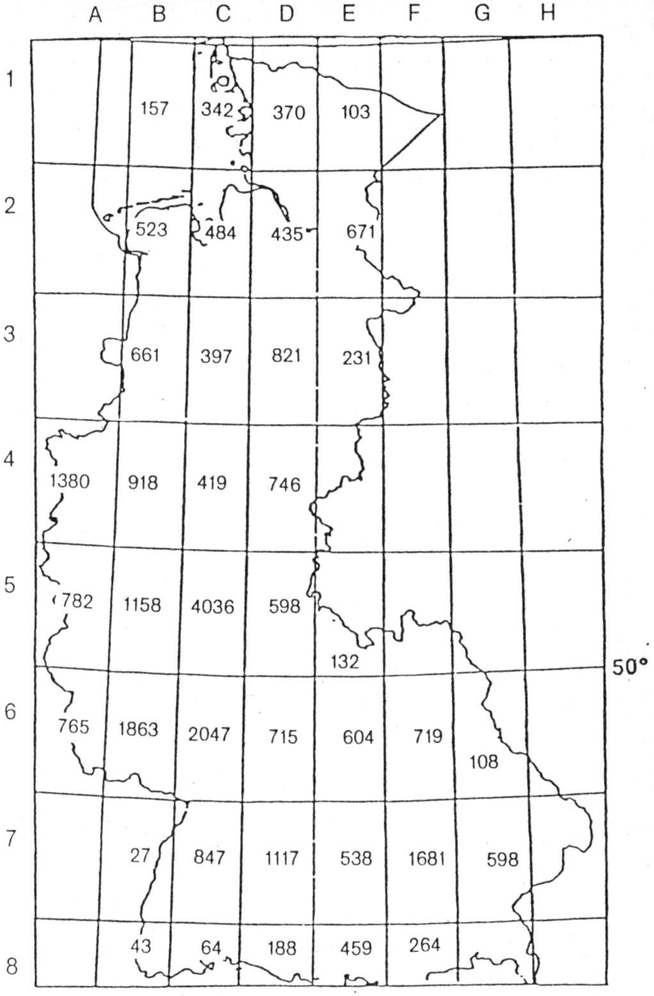

Stickoxide in Tonnen (Summe: 28.892 Tonnen)

Abb. 3: Schematische Darstellung der durch den Luftverkehr verursachten Stickoxidemissionen über dem Gebiet der bisherigen Bundesrepublik. Die Stickoxide werden angegeben als Stickstoffdioxid sowohl für den zivilen wie auch den militärischen Luftverkehr für alle Flughöhen. Erkennbar sind Emissionsschwerpunkte im Rhein-Main-Gebiet sowie um München (Quelle: TÜV Rheinland).

ger vorzunehmen, da die Emissionsverhältnisse mit den zunehmend verwendeten neuen Düsen sich stärker ändern, als dies bei den Stickoxiden der Fall ist. Eine Zunahme ist jedoch auch bei den anderen Schadstoffen absolut sicher.

Trotzdem sollen die Daten des TÜV hier noch weiterhin verwendet werden, da sie das derzeit einzige Material in dieser Ausführlichkeit darstellen.

Nun liegt es zunächst nahe – und dies wird auch oft gemacht – die aus dem Luftverkehr stammenden Schadstoffmengen zu vergleichen mit den Schadstoffemissionen des gesamten Verkehrssektors. Dies führt zu folgenden Verhältnissen (auch hier für das Jahr 1984, Angaben in Tonnen):

	CO	C_nH_m	NO_x	SO_2
Gesamtverkehr	6.745.600	1.214.250	1.680.200	97.350
Ziviler Flugverkehr	23.150	4.100	18.750	1.600
Militärflugverkehr	24.650	5.050	10.150	1.150
Flugverkehr gesamt	47.800	9.150	28.900	2.750
Straßenverkehr	6.463.900	1.146.400	1.450.100	64.600
Übriger Verkehr	233.900	58.700	201.200	30.000

Gegenüberstellung der pro Jahr emittierten Schadstoffe von verschiedenen Verkehrsträgern für die Bundesrepublik 1984, alle Angaben in Tonnen pro Jahr – das Gebiet der DDR ist jeweils nicht mitberücksichtigt.

Der Anteil des Flugverkehrs am Verkehrssektor mag zunächst nur als unbedeutend gering erscheinen, er beträgt für die einzelnen Schadstoffe:

Kohlenmonoxid	0,7 %
Kohlenwasserstoffe	0,8 %
Stickoxide	1,7 %
Schwefeldioxid	2,8 %

Hierbei sollte wieder bedacht werden, daß diese Zahlen von 1984 sind. Einer überschlägigen Rechnung zufolge muß der Anteil bei den Stickoxiden für 1990 jedoch bereits bei rund drei Prozent liegen und auch weiterhin so schnell ansteigen, da einerseits die Emissionen im Autoverkehr langsam aber stetig zurückgehen oder zumindest stagnieren werden, andererseits jedoch die Emissionen im Flugverkehr weiter rasant steigen werden.

Sind Flugabgase für die Umwelt uninteressant?

Diese einigermaßen geringen Zahlen veranlassen die Politiker und Flugwirtschafter noch immer zu der Aussage, der Flugverkehr würde nur einen sehr geringen Anteil an den gesamten Schadstoffemissionen haben und somit vernachlässigbar sein. So hieß es noch im Bundestag 1988 in der Antwort auf eine kleine Anfrage der Grünen: „Die vom Luftverkehr ausgehenden Schadstoffemissionen liegen nach gegenwärtigem Erkenntnisstand in der Größenordnung von 1 % der gesamten Schadstoffemission. Die ökologischen und gesundheitlichen Auswirkungen der vom Flugverkehr in der Troposphäre ausgehenden Emissionen können daher nicht gravierend sein." Zu den in der Tropopause emittierten Schadstoffen heißt es im gleichen Papier lapidar: „Es werden aber auch hier keine gravierenden Auswirkungen erwartet."

Hierbei wird jedoch nicht seriös argumentiert, denn die am Erdboden ausgestoßenen Schadstoffe sind mit den in der höheren Atmosphärenschicht durch Flugzeuge verursachten Emissionen in ihrer Wirkung in keiner Weise vergleichbar. Ein gutes Beispiel für die sehr unterschiedlichen Wirkungen von Emissionen ist der Wasserdampf: Der in Bodennähe ausgestoßene Wasserdampf hat nach bisherigen Erkenntnissen keinerlei umweltrelevanten Folgen (Ausnahme vielleicht lokale Belästigungen durch die massiven Emissionen von Kühltürmen). Der in großen Höhen emittierte Wasserdampf erweist sich jedoch zunehmend als eine eminente Gefahr für das Weltklima (s. Kapitel über Klimagefährdungen durch das Flugzeug). Hier zeigt sich, daß die Schadstoffemissionen am Boden und in der Höhe nicht vergleichbar sind: was hier unten harmlos ist, kann dort oben höchst bedenklich sein.

Werden dennoch reine Schadstoffmengen miteinander verglichen, was immer wieder vorkommt, dann stellt man zwei völlig unterschiedliche Dinge nebeneinander. Auf diese Art und Weise ist es bisher Politik und Wirtschaft gelungen, das Flugzeug gesund bzw. sauber zu beten. Solche Aussagen, ob vorsätzlich oder fahrlässig, verdrehen Tatsachen in unzulässiger Weise.

Auch muß bei einer solchen Aussage berücksichtigt werden, daß ein Industrieland wie die gerade vergrößerte Bundesrepublik insgesamt gigantisch große Schadstoffemissionen hat, an denen viele umliegende Staaten hart zu schlucken haben. Dies heißt, daß ein oder zwei Prozent dieses Schadstoffausstoßes auch schon erhebliche Mengen sind, die schon gar nicht zu vernachlässigen sind. Eine für 1990 angenommene Menge von 50.000 t Stickoxiden (berechnet als NO_2) allein durch den Luftverkehr ist z.B.schon fast die Hälfte der Menge, die ein Staat wie Norwegen (von der Fläche her wesentlich größer und von tieferen Wintertemperaturen gebeutelt) mit Gesamtverkehr, Hausbrand, Industrie und Kraftwerken insgesamt ausstößt. In Norwegen gibt man sich große Mühe, die eigenen Emissionen zu senken – bei uns, einem kleineren und wesentlich dichter besiedelten Staat, sollen solche Schadstoffmengen „vernachlässigbar“ sein?

TÜV-Studie mit noch mehr Schwächen

Doch noch einmal zurück zu der Studie des TÜV. Neben der erheblichen Panne der Verwendung von viel zu alten Daten hat die TÜV-Studie noch ein paar weitere Schwächen aufzuweisen. So wurde die Erhebung der Schadstoffemissionen lediglich für die Stickoxide, Schwefeldioxid, Kohlenmonoxid, der Summe der Kohlenwasserstoffverbindungen sowie des Wasserdampfes (letzterer nur für den zivilen Flugverkehr in Höhen größer als 30.000 Fuß) durchgeführt. Für diese Schadstoffe sind dann Karten der Bundesrepublik für verschiedene Höhen angefertigt worden, die einen Eindruck gewinnen lassen, wie groß die jeweiligen Emissionen in den rasterförmig aufgegliederten Regionen sind. Immerhin wurden in dieser Untersuchung erstmalig auch Daten des militärischen Flugverkehrs eingebracht, was nicht einfach ist, da im allgemeinen die Militärs fest auf den Daten der Anzahl der durchgeführten Flüge sowie der Emissionsmengen der einzelnen Jets sitzen. Schließlich dürfe hierüber

„aus militärischen Sicherheitsgründen“ keine Auskunft erteilt werden. Dadurch ist die Abschätzung des TÜVs auf diesem Gebiet natürlich mit einigen Unsicherheiten behaftet, die nicht der TÜV selber zu verantworten hat.

Wesentlich gewichtiger sind da jedoch schon die erheblichen Lücken bei den erfaßten bzw. berechneten Schadstoffen: Auf genauere Angaben über Schadstoffemissionen wie Kohlendioxid, Staub, Ruß, Schmieröl oder Schwermetalle wurde verzichtet. Die Kohlenwasserstoffe wurden nur als Summenangabe für die diversen, sich in den Auswirkungen stark unterscheidenden Verbindungen angegeben. Differenziertere Angaben wurden nicht gemacht. Auch wurden die Kohlenwasserstoffemissionen beim Betanken ebensowenig berücksichtigt, wie das bekannte Ablassen von Treibstoff (der ja aus Kohlenwasserstoffverbindungen besteht) durch Flugzeuge in besonderen Situationen.

Es kann in keiner Weise die Rede davon sein, daß in dieser Studie die Emissionen erfaßt sind, die durch den Flugverkehr verursacht werden. Denn der Flugverkehr in seiner Gesamtheit verursacht noch weitere Emissionen, die durchaus spezifisch für die Abwicklung sind und somit in einer solchen Erhebung auch berücksichtigt werden müssen. Die Rede ist hier zum Beispiel von Maschinentests der Triebwerke, die bei Wartung und Reparatur in gesonderten Testständen durchgeführt werden. Oder aber der Betrieb der Autos auf dem Flughafen (Schleppfahrzeuge, Busse, Schneeräumfahrzeuge, Lieferwagen – ein großer Fuhrpark ist für den Betrieb eines Flughafens vonnöten). Oder auch z.B. Dinge wie eine Ölbeheizung der diversen Flughafengebäude. Genau genommen sollte bei einer solchen Gesamterhebung sogar auch der zusätzliche Autoverkehr berücksichtigt werden, der durch die langen Anfahrtswege verursacht wird.

Ganz besonders zu kritisieren ist jedoch noch ein weiterer Punkt in der TÜV-Erhebung, der durch die Systematik der Erhebung zustande kommt und zu einer starken Verzerrung führt. Die Methode, nur die Schadstoffemission über dem Gebiet der Bundesrepublik zu erfassen, beinhaltet nämlich Lücken. Würden alle Staaten der Welt eine Berechnung der über ihrem Staatsgebiet ausgestoßenen Schadstoffe durchführen, so hätte man noch längst nicht die Gesamtmenge der durch Flugzeuge verursachten Emissionen. Diejenigen Schadstoffe, die über den Ozeanflächen ausgestoßen werden, fallen hierbei gänzlich unter den Tisch und werden überhaupt nicht berücksichtigt. Da es jedoch bekanntermaßen keineswegs so ist, daß für diese Emissionen niemand verantwortlich ist, müssen auch diese in solchen Schadstofferhebungen berücksichtigt werden. Es wäre ein richtiges Vorgehen, z.B. die Schadstoffmengen aller derjenigen Flüge aufzusummieren, deren Startort in der Bundesrepublik liegt. Zu Erhebungen dieser Art gehört einfach eine breitere Perspektive, als es in der TÜV-Studie praktiziert wurde.

Abschließend soll der Hinweis nicht fehlen, daß der TÜV bei seinen Berechnungen von ganz erheblich geringeren spezifischen Schadstoffausstößen ausgeht, als sie beispielsweise bisher von der Bundesregierung angegeben wurden. Während die Angaben der Bundesregierung sich auf internationale Literaturangaben beziehen, kommt der TÜV zu eigenen Ergebnissen. Als Beispiel werden hier die Emissionsangaben eines „Jumbo-Jets“ Boeing 747 verglichen. Hier gibt die Bundesregierung im Jahre 1984 für einen „typischen Start-Lande- Zyklus“ folgende Emissionsmengen an: Kohlenmonoxid (CO) 85,6 kg, Kohlenwasserstoffverbindungen (C_nH_m) 25,6 kg, Stickoxide (NO_x) 51,6 kg. Der TÜV kommt beim Jumbo für eine Flugbewegung im Jahre 1987 zu folgenden Zahlen: Kohlenmonoxid (CO) 8,0 kg, Kohlenwasserstoffverbindungen (C_nH_m) 4,7 kg, Stickoxide (NO_x) 6,6 kg. Bei anderen Flugzeugtypen sind die Unterschiede in ähnlicher Größenordnung. Die Zahlenangaben der Bundesregierung, die sicherlich auch nicht völlig aus der Luft gegriffen waren, liegen für eine normale Flugbewegung also um das fünf- bis elffache höher als die Rechnungen des TÜV. Diese riesige Diskrepanz ist durch technische Maßnahmen in den dazwischen liegenden Jahren nicht zu erklären, ebensowenig durch unterschiedliche Betrachtungsweisen.

Es kann und soll an dieser Stelle keine nähere Bewertung dieser Unterschiede durchgeführt werden, allerdings zeigt sich ein weiter Unsicherheitsbereich solcher Berechnungen. Es stellt sich daher die grundsätzliche Frage, inwieweit solchen Angaben überhaupt Vertrauen geschenkt werden kann.

IFEU liefert bessere Hochrechnung

Das Institut für Energie- und Umweltforschung (IFEU) in Heidelberg hat eine ähnliche Hochrechnung der Ergebnisse des TÜV gemacht. Dies geschah in Abweichung der Vorgehensweise des TÜV unter der Berücksichtigung folgender Flugstrecken:

- der innerdeutschen
- derjenigen grenzüberschreitenden Flugstrecken aus der Bundesrepublik bis zum ersten ausländischen Landepunkt
- derjenigen grenzüberschreitenden Flugstrecken aus dem Ausland ab dem letzten ausländischen Startpunkt
- die Flüge im Jahre 1987 wurden berücksichtigt.

Es wird also nicht nur der Schadstoffausstoß über dem Gebiet der Bundesrepublik berechnet, sondern derjenige der vollständigen Flüge, die aus oder in die Bundesrepublik führen. Es handelt sich also um die Schadstoffmenge, für die die Bundesrepublik sozusagen „verantwortlich" ist – auf jeden Fall ein korrekteres Vorgehen.

Bei dieser Vorgehensweise erhöhen sich die Zahlen für Transportleistung, Energieverbrauch und Schadstoffemission drastisch. Die Verkehrsleistung für den Personenverkehr im Jahre 1987 betrug hiernach im Inland 5,1 Mrd. Personenkilometer (Pkm), beim grenzüberschreitenden Verkehr 92,8 Mrd. Pkm. Analog wurden im Güterverkehr 4,71 Mrd. Tonnenkilometer (tkm) geleistet.

Eine Gesamtbilanz für den Kraftstoffverbrauch ergibt für den zivilen Flugverkehr der Bundesrepublik einen Energiebedarf von 6,05 Mio. Tonnen Kraftstoff, hiervon entfallen 4,46 Mio. t auf den Personenverkehr und 1,59 Mio. t auf den Gütertransport. Zusätzlich errechnete das IFEU einen Kraftstoffverbrauch von 1,3 Mio. t des militärischen Flugs, so daß davon auszugehen ist, daß die Bundesrepublik im Jahre 1987 für einen Kraftstoffverbrauch von 7,35 Mio. t Flugkraftstoff verantwortlich ist. Zudem werden bei Überflügen über die Bundesrepublik ohne Zwischenlandung 0,85 Mio. t Treibstoff verbraucht.

Für den zivilen Flugverkehr errechnet das IFEU folgende Schadstoffemissionen, die insbesondere für die Stickoxide wesentlich höher sind, als das Umweltbundesamt errechnet hat:

	Passagier-flugverkehr (in t)	Güter-flugverkehr (in t)	Gesamt-flugverkehr (in t)
Kohlendioxid CO_2	15.000.000	5.700.000	20.700.000
Kohlenwasserstoffe C_nH_m	30.000	15.000	45.000
Stickstoffoxide NO_x	69.000	26.000	95.000
Kohlenmonoxid CO	27.000	7.000	34.000

Zu diesen Zahlen hinzurechnen sind noch die Emissionen vom Militärflugverkehr und von Überflügen.

Die Luftverschmutzung durch den zivilen Instrumentenflug

Trotz der oben genannten Schwächen sollen hier in Ermangelung besserer oder neuerer Daten einige weitere Ergebnisse der TÜV-Rheinland-Studie vorgestellt werden. Bei dem zivilen Instrumentenflug handelt es sich um den kommerziellen Passagierflug mit den mehr oder minder großen Jets.

Bei folgenden Situationen eines Fluges ist mit unterschiedlicher Emission von Schadstoffen zu rechnen:

- Beim Warmlaufen der Triebwerke.
- Beim Rollen von der Abstellposition bis zum Startpunkt mit sieben Prozent Triebwerksleistung (im Fachjargon „Taxi-out“ genannt).
- Beim Beschleunigen des Flugzeugs mit vollem Schub auf der Startbahn bis zum Abheben („Take-off“).
- Beim Aufsteigen bis zu einer Höhe von 1.500 Fuß (ft, 1 Fuß entspricht 0,31 Metern) mit voller Triebwerksleistung, danach mit verringerter Leistung von 85 % bis zur Reisehöhe („Climb-out“).
- Beim Reiseflug in gleichbleibender Höhe („Cruise“, 70 % Triebwerksleistung) und dem Sinkflug bis zum Landeanflug („Descent“) mit rund 30 % der möglichen Leistung.
- Beim Landeanflug („Approach“), der ab 2.500 ft mit konstanter Fluggeschwindigkeit erfolgt, sowie der anschließenden Landung („Landing“), verbunden mit Ausrollen auf der

Landebahn und Schubumkehr zum Abbremsen. Die Landung wird vom TÜV in den Anflug miteingerechnet.

- Beim Rollen vom Ende der Landebahn zur Abstellposition („Taxi-in"), wieder mit ca. sieben Prozent Triebwerksleistung.
- Bei der Verwendung von Hilfstriebwerken (APU-Triebwerken) während des Stehens am Boden zur Aufrechterhaltung der Stromversorgung, während die Haupttriebwerke abgeschaltet sind.

Soweit es aus den Angaben des TÜV hervorgeht, wurden das Warmlaufen der Triebwerke sowie der Betrieb der Hilfstriebwerke für die Schadstofferhebungen nicht berücksichtigt. Für die verbleibenden und sicherlich auch bedeutendsten Flugzustände errechnete der TÜV für die verschiedenen Flughöhen folgende Emissionen pro Jahr für die gesamte Fläche der Bundesrepublik (Höhenangaben jeweils in Fuß):

Flughöhe (ft)	CO (t)	C_nH_m (t)	NO_x (t)	SO_2 (t)
Boden bis 5.000	7.028	2.672	4.280	357
5.000-10.000	2.171	283	3.024	231
10.000-15.000	1.501	194	2.006	156
15.000-20.000	833	117	901	80
20.000-25.000	414	57	821	52
25.000-30.000	952	174	1.963	184
höher als 30.000	2.646	406	5.700	526

Bedacht werden muß hierbei wieder, daß die Angaben für das Flugaufkommen von 1984 errechnet sind. In den darauffolgenden fünf Jahren ist die Zahl der Flugbewegungen in dieser Branche um rund 60 Prozent gestiegen, wobei wiederum zum Teil neuere Jets zum Einsatz kommen, deren spezifischen Emissionen ein wenig gesunken sind. Es ist jedoch sicherlich keine übertriebene Annahme, daß die obigen Zahlen für 1990 um rund 40 bis 50 Prozent nach oben verbessert werden müssen.

Es fällt auf, daß der größte Teil der besonders gefährlichen Stickoxide in sehr großen Höhen ausgestoßen wird, außerdem beim Startvorgang bei der vollen Triebwerksleistung. Die Schadstoffe Kohlenmonoxid und die Kohlenwasserstoffverbindungen kommen weitaus am meisten am Boden sowie beim Landen vor. Eine Übersicht über den qualitativen Verlauf der Schadstoffemission eines Düsenflugzeuges in den verschiedenen Betriebszuständen bietet die folgende Abbildung.

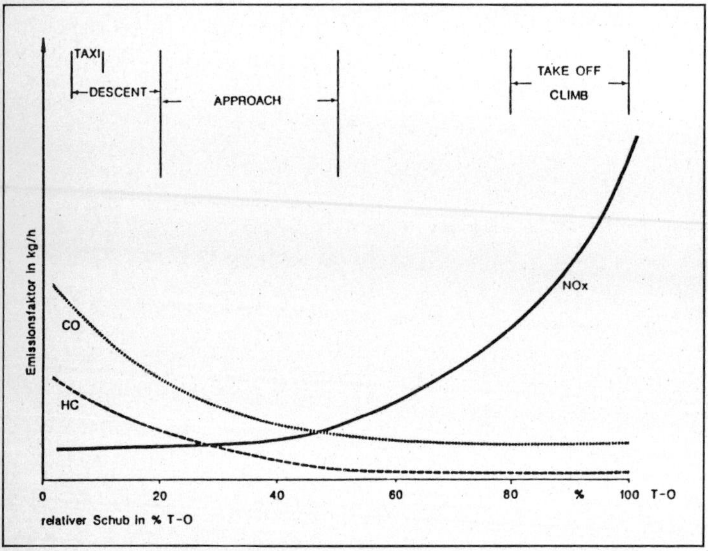

Abb. 4: Grafische Darstellung der relativen Emissionen eines Düsenflugzeuges in Abhängigkeit von der relativen Triebwerksleistung, die unten eingezeichnet ist. Im oberen Teil der Grafik sind die einzelnen Flugzustände eingezeichnet. Hieraus geht hervor: Je höher der Triebwerksschub ist, desto stärker steigt der Stickoxidausstoß (NO_x) an. Dagegen fallen gleichzeitig die Kohlenmonoxid- (CO) und Kohlenwasserstoffemissionen (HC) kraß ab (Quelle: TÜV Rheinland).

Auch für das Gebiet der Schweiz wurden Hochrechnungen für die Schadstoffemissionen durch den Flugverkehr veröffentlicht. Auffällig ist zunächst, daß das „Bundesamt für Zivilluftfahrt" nicht wie der TÜV Rheinland vier Jahre für die Berechnungen benötigte, sondern knapp ein Jahr. Für das Jahr 1987 wurden wenige Monate später folgende Angaben veröffentlicht (in Tonnen):

		Treib-stoffver-brauch	Schadstoffe		
			HC	NO_x	SO_2
Starts und Landungen	Emissionen der Landesflughäfen	103.661	280	1.573	104
	Emissionen der Regionalflugplätze und Flugfelder	9.813	57	94	8
Reiseflug	Emissionen der Großflugzeuge	180.857	55	4.112	181
	Emissionen der Kleinflugzeuge	7.473	8	138	5
Andere Quellen	Emissionen durch Treibstoffdämpfe	?	526	–	–
	Total Tonnen	301.804	926	5.917	298

Anzumerken ist, daß die militärische Fliegerei nicht hierin enthalten ist. Der Anteil der NO_x-Emissionen lag 1987 bei 3 % der gesamten Stickoxidemissionen der Schweiz. Auch dies wiederum allein im Bereich der zivilen Luftfahrt. Der Anteil des Flugverkehrs an der Luftbelastung durch Stickoxide wird in der Schweiz also bereits deutlich höher eingeschätzt.

Militärflug sorgt für Dreck in allen Ebenen

Der militärische Flugverkehr verfügt über eine grundsätzlich andere Charakteristik als der zivile Luftverkehr. Er spielt sich zum einen in wesentlich geringeren Höhen ab, zum anderen aber auch in noch größeren Höhen. Vor allem der militärische Tiefflug trägt erhebliche Mengen an Luftschadstoffen in Regionen, die durch Industrie und Autoverkehr noch nicht gar so stark gebeutelt sind wie die Großstädte. Gerade durch die Tiefflieger wird also aller Wahrscheinlichkeit nach ein durchaus für die Luftqualität bedeutendes Maß an Schadstoffen in die Umwelt der recht dünn besiedelten Zonen getragen. Nur: Untersuchungen hierüber liegen im Moment noch nicht vor. Eine von vielen offenen Fragen über die Umweltauswirkungen des Flugverkehrs.

Die im militärischen Flugverkehr in der TÜV-Studie festgestellten Schadstoffemissionen für verschiedene Flugarten und -zustände sind in der folgenden Tabelle zusammengefaßt (Angaben jeweils in Tonnen für 1984):

Flugart	CO	Kraftstoffverbrauch C_nH_m	NO_x	SO_2	Höhe in Fuß
Start, Landung, Platzrunden	255.441	8.856	2.465	1.866	254
Hubschrauber Streckenflüge	202.631	7.860	1.619	536	199
Jet-Tiefflüge bis 1.500 ft	325.072	3.263	398	3.531	302
Streckenflüge 1.500-10.000 ft	290.790	3.598	454	3.103	273
Streckenflüge über 10.000 ft	131.945	1.085	140	1.126	124
Gesamt	1.205.879	24.662	5.076	10.162	1.152

Besonders Kohlenmonoxid (CO) und die noch giftigeren Stickstoffoxide (NO_x) werden also vor allem im Tiefflug ausgestoßen. Außerdem verteilen die zumeist auch nicht in allzugroße Höhen führenden Hubschrauberflüge erstaunlich große Mengen Kohlenmonoxid und Kohlenwasserstoffverbindungen (C_nH_m) in die unteren Luftschichten, beides Schadstoffe, die vor allem bei schlechten Verbrennungen auftauchen. Folglich treten in der Umgebung der Flugplätze relativ große Schadstoffmengen auf.

Der Sichtflug fällt kaum noch ins Gewicht

Bei den riesigen Schadstoffmengen, die durch den zivilen Instrumentenflug sowie beim Militärflug entstehen, fällt der Sichtflugbetrieb nur noch wenig ins Gewicht. Hierzu wird vor allem der private Flugverkehr gezählt, der zumeist auf den regionalen Verkehrsflugplätzen und den sogenannten Verkehrslandeplätzen abgewickelt wird.

Unter diesen Flugzeugbewegungen finden rund drei Viertel mit kleinen einmotorigen Flugzeugen statt, die ein maximales Abfluggewicht von 2,0 Tonnen haben. Gut sieben Prozent sind mehrmotorige Flugzeuge mit über 2,0 Tonnen Startgewicht. Rund fünfzehn Prozent der Sichtflugbewegungen sind vor allem auf Motorsegler und privat betriebene Hubschrauber zurückzuführen – diese beiden Kategorien berücksichtigte der TÜV in seiner Untersuchung nicht weiter.

Insgesamt kommt der TÜV zu folgenden Ergebnissen für den Sichtflug, der 1984 über der Bundesrepublik stattfand:

Kraftstoffverbrauch	9.540 t
Kohlenmonoxid	7.620 t
Kohlenwasserstoffe	180 t
Stickoxide	30 t
Schwefeldioxid	4 t

Auffallend sind die sehr hohen Kohlenmonoxidemissionen, die auf die relativ schlechte Verbrennung in den Kolbenmotoren zurückzuführen sind. Immerhin entspricht diese Menge der Hälfte der im Linienflug ausgestoßenen CO-Masse. Die anderen Schadstoffmengen sind gering und für die lufthygienischen Verhältnisse tatsächlich auch relativ unbedeutend, zumal sie mit diesen kleinen Maschinen nicht in die oberen Atmosphärenschichten getragen werden, wo sie äußerst schädlich wirken.

Schadstoffreduzierung durch technische Lösungen?

Durch technische Neuentwicklungen konnten die Emissionen von Kohlenwasserstoffverbindungen, Kohlenmonoxid und Ruß also teilweise schon reduziert werden, wenn man die spezifische Emission pro gebrachter Leistung betrachtet. Anders sieht es jedoch bekanntlich bei den Stickoxiden aus. Die Emission dieser Verbindungen nimmt mit verbesserter Verbrennung, wie sie für obige Maßnahmen nötig ist, deutlich zu. Dieser Zunahme steht man bisher bei den Triebwerkskonstrukteuren recht hilflos gegenüber. Mit aufwendigen Neuerungen hat man bisher erst minimale Verbesserungen geschafft.

Trotzdem baut gerade die Luftfahrtindustrie, vor allem die Fluggesellschaften, auf solche technischen Neuerungen zur Stickoxidverminderung. Durch konstruktive Änderungen der Flugzeugturbinen läßt sich beispielsweise erreichen, daß die Aufenthaltszeit des Treibstoffs in der Turbine kürzer wird und trotzdem relativ vollständig verläuft. Diese kürzere Aufenthaltszeit bewirkt, daß weniger Zeit für die Bildung des durch die hohen Temperaturen gebildeten „thermischen" Stickoxides bleibt. Eine, wenn auch geringfügige Minderung der Stickoxidemissionen ist das Resultat.

Eine andere technische Möglichkeit wäre, das Mischungsverhältnis von Treibstoff und Luft zu ändern. So gibt es auch bereits erste Entwicklungsarbeiten, eine „magere" Treibstoffverbrennung in Triebwerken zu erreichen. Dies bedeutet, daß weniger Treibstoff als bisher mit der gleichen Menge Luft vermischt und dann verbrannt wird. Hierdurch würden niedrigere Verbrennungstemperaturen erreicht werden, womit auch weniger Stickoxid erzeugt würde. Man hofft, später einmal eine NO_x-Reduktion um 70 bis 80 Prozent erreichen zu können – allerdings ist man hiervon noch weit, sprich etliche Jahre entfernt. Auch hat man mit erheblichen Nachteilen zu kämpfen: größere, schwerere, aufwendigere und vor allem weniger betriebssichere Turbinen wären die Folge.

Eine einfachere und schneller durchzuführende Maßnahme wäre das Einspritzen von Wasser in die Brennkammer. Die Verbrennungstemperatur würde hierdurch gesenkt werden, es entsteht weniger „thermisches" Stickoxid. Je nach eingespritzter Wassermenge würde sich das Stickoxid um bis auf 15 Prozent des Normalwertes verringern. Trotzdem wehrt man sich bei der Flugzeugindustrie gegen diese relativ einfache Maßnahme: Die Flugzeuge würden durch den Wassertransport erheblich schwerer, der Energieverbrauch hierdurch würde steigen und es stünde weniger nutzbare Transportkapazität zur Verfügung. Auch Sicherheitsnachteile werden aufgeführt. Ein weiterer Nachteil: Die Wasserdampf-Emissionen würden erheblich steigen, was wieder andere Umweltprobleme bringt.

Wenig Hoffnung besteht dagegen, einen Katalysator einzuführen, der ähnlich effektiv wie beim Auto wäre. Bisher ist kein Werkstoff bekannt, der den hohen Temperaturen des Abgasstrahls sowie den gewaltigen mechanischen Belastungen auf Dauer gewachsen wäre. Auch würde solch ein Katalysator mit einem großen Zuwachs an Fluggewicht erkauft werden. Die zuweilen sogar von Fluggesellschaften geäußerten Hoffnungen auf solch ein Gerät entbehren derzeit jeder Grundlage und sind in diesem Jahrtausend mit Sicherheit nicht mehr zu erwarten.

Der von einigen Politikern und Fluggesellschaften dringlich geforderte Wasserstoffantrieb kann ebenfalls keine Lösung bedeuten: Besonders die in hohem Maße steigenden Wasserdampfemissionen würden zu erheblichen Problemen mit den in größeren Flughöhen hieraus entstehenden Eiswolken führen (s. Kapitel über Klimagefährdungen).

Technische Lösungen zur Reduzierung oder gar Vermeidung der hochgradig klimagefährdenden Wasserdampf- oder auch der Kohlendioxidemissionen zeichnen sich derzeit überhaupt nicht ab. Auch für die Stickoxide kommt beispielsweise die Lufthansa nicht daran vorbei zuzugeben, daß die Stickoxidemissionen der eigenen Luftflotte bis zum Jahr 2000 weiter ansteigen werden, wenn auch „unterproportional" – also nicht ganz so stark wie die erwartete Erhöhung der Verkehrsleistung. Im Klartext: wir werden in den kommenden Jahren mit deutlich höheren Stickoxidemissionen aus Flugzeugen zu rechnen haben.

Insgesamt wird hieraus deutlich, daß (ähnlich wie beim Auto) das Herumdoktoren an den Umweltproblemen mit vermeintlichen technischen „Lösungen" kaum ernsthafte Verbesserungen bringt. Für einige Bereiche der Abgas-Probleme ist diese „Ingenieurs-Lösung" gar keine. Der Verweis auf solche Ansätze mag eher dazu dienen, aufbegehrenden Bürgerinnen und Bürgern das Gefühl einzuflößen, daß hieran gearbeitet wird. Das noch verbreitete Grundvertrauen in die Technik soll bestärkt werden: „Das bekommen wir schon hin, bisher haben wir noch alle Probleme gelöst." Zweifel hieran sind nicht nur angebracht, sondern nötig!

Dies soll jedoch nicht heißen, daß nicht alle bekannten Möglichkeiten von technischen Schadstoffreduzierungen konsequent genutzt werden müssen, um den tatsächlich durchgeführten Luftverkehr so wenig umweltfeindlich wie nur irgend möglich zu gestalten – wenn er sich denn schon nicht vollends vermeiden läßt. Die Durchsetzung solcher Ziele geschieht am besten mit der Festlegung von rigiden Grenzwerten. Doch dies ist schon ein weiteres düsteres Kapitel der Luftfahrt.

Grenzwerte, die kaum welche sind

Uns allen sind sicherlich die langanhaltenden Streitigkeiten um die Grenzwert-Gesetzgebung der Autos in Erinnerung. Ähnliche Grenzwerte gibt es auch für Flugzeuge – nur sind diese Schadstoffvorschriften bisher weltweit stiefmütterlich behandelt worden. Einen ersten Schritt hatte hierzu im Jahre 1982 die US-amerikanische Umweltbehörde EPA (Environmental Protection Agency) getan: Für einen genormten Test-Zyklus wurden für die in den USA zuzulassenden Flugzeuge Schadstoffhöchstmengen für Kohlenmonoxid, unverbrannte Kohlenwasserstoffverbindungen, Stickoxide und Rauch gesetzlich vorgeschrieben. Der vorgeschriebene Test-Zyklus beinhaltet lediglich Messungen bei der Simulation von Start und Landung, der Reiseflug wird nicht berücksichtigt. Bedauerlich auch, daß versäumt wurde, für die gefährlichsten Einzelkohlenwasserstoffe (z.B. Benzol) getrennte Vorschriften zu erlassen, sowie Kohlendioxid, Schwermetalle und Wasserdampf keine Berücksichtigung fanden.

Diese Regelungen wurden von der International Civil Aviation Organization (ICAO), einer Sonderorganisation der Vereinten Nationen, übernommen. Damit haben sie für den Bereich des zivilen Linienflugverkehrs einen Richtliniencharakter – mehr nicht. Richtlinien haben nun einmal keinen gesetzlichen Charakter, sind also nicht einklagbar.

Bezeichnenderweise ist das auch gar nicht notwendig. Denn die Vorschriften sind dermaßen lasch, daß jedes halbwegs moderne und wirtschaftliche Triebwerk sie leicht einhält. Angaben in der Fachliteratur zufolge erreichen moderne Triebwerke die ICAO-Richtwerte bei Stickoxiden und Rauch zu etwa 50 Prozent, bei Kohlenmonoxid zu 20 bis 30 Prozent und bei Kohlenwasserstoffen zu etwa 15 Prozent. Dies zeigt deutlich, daß sich die vorgegebenen Richtwerte keinesfalls am aktuellen Stand der Technik orientieren, was bei solch einer Handhabung von Grenz- und Richtwerten unumgänglich wäre.

Bei einem Vergleich mit einigen Vorschriften der rechtsgültigen bundesdeutschen Grenzwerte der Verwaltungsvorschrift TA-Luft wird deutlich, daß im Leerlaufbetrieb die Kohlenmonoxidemissionen zu hoch sind, während bei Start und erstem Anstieg die Stickoxid- und Rauchemissionen deutlich zu hoch lägen. Der Haken an dieser Sache: Die TA-Luft ist eine Vorschrift, die bei Verwaltungs- und rechtlichen Vorgängen für stationäre (also ortsfeste) Industrie- und Gewerbebetriebe Gültigkeit besitzt – keinesfalls für Flugzeuge oder Flughäfen...

Für diese Emissionen gibt es in ganz Europa derzeit keinerlei rechtsverbindliche Vorschriften, ein Armutszeugnis. Es verwundert da sicherlich niemanden mehr, daß für Militärflugzeuge weder Grenz- noch Richtwerte gültig sind. Nicht einmal vorgeschriebene Tests gibt es, von einem festen Test-Zyklus ganz zu schweigen. Es besteht bei den Militärs ein Trend dahin, zum Schutz vor Identifizierung eine möglichst rauch- und rußfreie Verbrennung zu erzielen, so daß ähnliche Bestrebungen wie im zivilen Flugverkehr bestehen. Alles andere fällt unter die dümmliche Klausel „militärische Geheimhaltung".

Es wird höchste Zeit, daß weltweit endlich eine verbindliche Grenzwertregelung eingeführt wird, die den Triebwerksentwicklern zwingend und ständig Aktivitäten zur Schadstoffreduzierung auferlegt. Dies ist zu erreichen durch scharfe Grenzwerte, die in relativ kurzen Zeitabständen immer wieder nach unten gedrückt werden. Solche Regelungen müssen für alle Felder des Luftverkehrs gültig sein, also sowohl den militärischen als auch den zivilen Sektor abdecken. Allerdings steht zu vermuten, daß solche Maßnahmen auch nur der Versuch wären, an Symptomen zu kurieren. Grundlegende Verbesserungen kann und darf man hiervon nicht erwarten.

Fuel Dumping – nur eine von vielen Luftbelastungen?

„Fuel Dumping" – das Abpumpen von Treibstoff im Flug – wird oftmals als ein bedeutendes Umweltproblem des Flugverkehrs angesehen. Konkrete Daten und Untersuchungen hierzu sind bisher Mangelware, so daß eher grundsätzliche Betrachtungen angestellt werden können.

Aus den vorliegenden Angaben scheint sich jedoch herauszukristallisieren, daß dieser Vorgang keineswegs so häufig vorkommt, wie es zuweilen befürchtet wird. In Unterlagen für eine Anhörung der Bundestags-Enquete-Kommission „Vorsorge zum Schutz der Erdatmosphäre" gab die Lufthansa erstmalig öffentlich Auskunft über das Vorkommen dieser „Fuel Dumps" in „Ausnahmefällen". Nach den Angaben kam es bei Lufthansaflügen zwischen 1984 und 1989 über dem Gebiet der Bundesrepublik zu jeweils drei Fällen von Fuel Dumps pro Jahr (weltweit waren es 1986 5 Fälle, 1987 8, 1988 6). Dies bedeutet laut Lufthansa ein Ereignis pro 40.000 Flüge.

Hierbei sollen jährlich höchstens 250 Tonnen Treibstoff abgelassen worden sein. Da die Lufthansa ja nicht die einzige über der Bundesrepublik verkehrende Fluggesellschaft ist, hat das IFEU in einer Abschätzung berechnet, daß die gesamte über der Bundesrepublik abgepumpte Treibstoffmenge etwa beim Fünffachen der Menge liegt, die die Lufthansa abpumpt. Es dürften also im Jahr höchstens 1.250 Tonnen Treibstoff über der Bundesrepublik abgelassen worden sein – eine für sich genommen recht große Menge.

Nach Angaben der Lufthansa wird dieses Verfahren nur in echten Notfällen wie Triebwerksausfällen angewendet. Da für alle Flugzeuge festgelegte Höchstgewichte für die Landung bestehen, kann es nötig sein, dieses Landegewicht durch das Ablassen des Treibstoffs zu erreichen. Dies gilt insbesondere, wenn direkt nach dem Start aufgrund von technischen Pannen sofort wieder gelandet werden muß. Sehr beliebt ist dieses Verfahren natürlich auch bei der Lufthansa nicht gerade, schließlich wird mit dem Treibstoff bares Geld abgepumpt. Zwar ist aufgrund der steuerlichen Förderung Kerosin im Vergleich zu Autobenzin spottbillig (eine Tonne, also rund 1270 Liter kosten rund 500 DM!), jedoch verursacht solch ein Abpumpen trotzdem überflüssige Kosten.

Die jüngsten Angaben zu diesem Komplex wurden im Januar 1991 in einer Antwort der hessischen Landesregierung auf eine Anfrage der Grünen bekannt. Die Aussagen bestätigen, daß es allein auf dem Rhein-Main- Flughafen in Frankfurt im Schnitt zu 120 Notlandungen jährlich kommt. Diese Notlandungen sind normalerweise mit einem Ablassen des Treibstoffs verbunden, so daß sehr große Mengen zu erwarten sind. So wurden allein bei 18 dieser Notlandungen in der Zeit von Mitte 1987 bis Mitte 1990 insgesamt mindestens 300 Tonnen Kerosin über Hessen und den angrenzenden Regionen abgepumpt. Komplette Zahlen für alle Notlandungen liegen jedoch nicht vor. Am schwersten sind nach Angaben der hessischen Landesregierung der Spessart, der nördliche Odenwald, der Taunus sowie Mittel- und Nordhessen betroffen. Im schlimmsten Fall wurden auf einmal 92.000 Liter Kerosin abgepumpt.

Durch diese Angaben scheinen sich die obigen Angaben des IFEU durchaus zu bestätigen. Allerdings ist die vom IFEU angegebene Menge von 1.250 Tonnen pro Jahr möglicherweise noch zu klein, wenn alle Notfälle sowie die Untaten der Bundeswehr Berücksichtigung finden.

In diesem Zusammenhang vermag die Bundesregierung, auf insgesamt 53 „bekanntgewordene" Fälle von Fuel Dumping im Flugbetrieb der Bundeswehr zwischen 1983 und 1986 zu verweisen. Die hierbei abgepumpte Treibstoffmenge ist nicht bekannt. Hinzu kommen die Fälle der sonstigen Luftstreitkräfte in der Bundesrepublik.

Für ein Ablassen des Treibstoffs sollte normalerweise eine Mindestflughöhe bestehen, was sicherlich längst nicht in allen Fällen erreichbar ist. Ist dies der Fall, verdampft und zersetzt sich der Treibstoff, der mittels Hochleistungspumpen in einer Menge von rund 2 Tonnen pro Minute abgeleitet wird, normalerweise schnell. Allerdings nicht ohne chemisch zu reagieren und zum Teil sehr aggressive Substanzen wie Ozon zu bilden.

Von der Lufthansa werden Untersuchungen aus Zürich sowie eine englische Studie vorgebracht, nach denen Treibstoffspuren in Pflanzen- und Bodenproben in Flughafenumgebung nicht nachzuweisen ist. Ob dies schon die letzte Erkenntnis in diesem Bereich ist, bleibt dahingestellt.

Unzweifelhaft ist jedoch, daß, wenn ein solches Ablassen erfolgt, die Atmosphäre lokal heftig durcheinandergebracht wird. Aus Kohlenwasserstoffverbindungen entsteht im Zusammenspiel mit Stickoxiden, das die Flugzeuge gleich mitliefern, bei Sonnenlicht Ozon. Es steht zu erwarten, daß gerade bei solch massivem Auftreten von dem reaktiven Ausgangsmaterial kurzzeitige Episoden mit äußerst hohen Konzentrationen auftreten. Je tiefer die Flughöhe beim Abpumpen, desto gefährlicher wird dies dann für Mensch und Natur.

Aber auch das Kerosin selber „ist nicht ohne", sofern es nicht in der oberen Atmosphärenschicht schon vom Sonnenlicht zersetzt ist und die Atemluft erreicht. Es enthält bis zu 22 Prozent aromatische Kohlenwasserstoffverbindungen, von denen einige als krebserregend gelten. Auch von der Umweltwirkung der zahlreichen chemisch kompliziert aufgebauten Zusätze ist bisher nichts bekannt. Insgesamt lassen sich über die Umweltauswirkungen des Fuel Dumping bisher nur grobe Vermutungen anstellen. Freilich handelt es sich hierbei nicht um eines der vorherrschendsten Umweltprobleme des Luftverkehrs.

Trotzdem mutet es nahezu absurd an, daß die Fälle von Fuel Dumping in der Bundesrepublik nicht einmal erfaßt werden, beispielweise von der Bundesanstalt für Flugsicherung (Sitz in Frankfurt mit Außenstellen auf allen Verkehrsflughäfen der Bundesrepublik). Um überhaupt einmal einen Überblick über die Fälle des Abpumpens von Flugzeugtreibstoff zu bekommen, ist es höchste Zeit, daß Vorschriften erlassen werden, wonach Fuel Dumping – wenn es in einigen Fällen schon nicht zu vermeiden ist – zu melden und mit Zeit, Ort, Fluggesellschaft, Menge und Anlaß zu registrieren ist.

Stellen Sie sich einmal vor, Sie würden einen Eimer voll Benzin in den Wald kippen. Wenn Sie hierbei erwischt werden würden (was hoffentlich der Fall wäre...), hätten Sie mit empfindlichen Strafen zu rechnen. Wenn jedoch im Bereich des Frankfurter Flughafens binnen drei Jahren die Füllmenge von fast 2.000 Badewannen an Kerosin in die Luft gekippt wird, dann bleibt dies ohne jede Folge und Registrierung.

Es ist schlicht ein Unding, daß nicht einmal die Bundesregierung imstande sein soll, herauszufinden, was für Mengen hierbei insgesamt in der Bundesrepublik zusammenkommen und welche Gebiete besonders belastet sind. Sinnvoll und vernünftig zum Vermeiden von unnötigen Fällen von Fuel Dumping wäre zudem, das Ablassen von Treibstoff mit Buß- bzw. Strafgeldern zu belegen, ähnlich dem Ölabpumpen von Schiffen auf See.

Dicke Luft an Flughäfen?

Bei den im vorhergehenden Kapitel genannten Mengen an Schadstoffen aus Flugzeugdüsen – muß da nicht die Luft an Flughäfen unerträglich belastet sein? Hierzu liegen einige Berichte vor, in denen die Schadstoffbelastung von Flughäfen beurteilt wird, zum Teil auf der Grundlage von Schadstoffmessungen. Die meisten dieser Untersuchungen kommen zu dem Schluß, daß die Flughäfen kaum ein Problem für die Luftverschmutzung sind. Der Autoverkehr im Einzugsbereich von Flughäfen ist derzeit zumeist für ungefähr gleichgroße, ja zuweilen sogar höhere Schadstoffmengen verantwortlich als die Flugzeuge.

Das Beispiel des Hamburger Verkehrsflughafens Fuhlsbüttel soll ausführlicher dargestellt werden, da hierzu relativ umfassende Berichte vorliegen.

Luftverschmutzung am Beispiel des Hamburger Flughafens

Der Hamburger Flughafen ist noch im Stadtgebiet inmitten von Wohngegenden gelegen. Hunderttausende der 1,6 Millionen Einwohner der Stadt haben nicht nur unter dem Fluglärm zu leiden, sondern fragen sich auch schon seit Jahren, wie stark ihre Schadstoffbelastung durch den Flugbetrieb ist.

Im Jahre 1990 kam es nach ersten Angaben insgesamt zu rund 141.000 Flugbewegungen – detaillierte Zahlen lagen bei Drucklegung des Buches noch nicht vor. 1989 waren es 138.428 Flüge, davon waren 108.232 Flüge gewerblicher Art. Damit ist der Flughafen Fuhlsbüttel in der Bundesrepublik ein mittelgroßer Verkehrsflughafen, er reicht z.B. nicht an den bundesdeutschen „Giganten“ in Frankfurt heran.

Eine vom TÜV Rheinland für das Jahr 1987 durchgeführte Untersuchung über die Emissionen durch den Flugbetrieb gibt näher Aufschluß über die durch die Flugzeuge ausgestoßenen Schadstoffe. Die in diesem Jahr am häufigsten in Hamburg startenden und landenden Flugzeuge waren in Reihenfolge: die Boeing 737, Boeing 727, Douglas DC-9, Fokker F27 und Airbus A310. Insgesamt gab es 1987 noch 108.375 Flugbewegungen. In den folgenden zwei Jahren nahmen die Flugbewegungen also um rund 27 Prozent zu.

Hierfür wurden vom TÜV für alle Flugzeuge zusammen folgende Schadstoffemissionen auf dem Hamburger Flughafen berechnet (Zahlenangaben in Tonnen, Basis 1987):

Flugbewegung	CO	NOx	CnHm	SO_2
Landung (ab 1.000 ft Höhe)	33,74	16,75	3,78	2,63
Rollen nach Landung	123,30	8,54	59,77	3,06
Rollen vor Start	156,13	10,66	64,27	3,82
Start (bis 1.000 ft Höhe)	18,85	84,44	2,29	5,22
Hilfstriebwerke	9,91	6,99	0,24	1,20
Gesamt (1987)	341,93	127,38	130,35	15,93
Gesamt (1983)	319,02	101,76	96,19	13,26
Zunahme 1983-1987	7,2 %	25,2 %	35,5 %	20,2 %
Abschätzung 1989	371	176	158	22

Aus dem Vergleich mit den Zahlen einer im Jahre 1983 in gleicher Form durchgeführten Untersuchung wird deutlich, daß hier gleichzeitig mit der Zunahme des Flugverkehrs auch eine Zunahme der Schadstoffemission einherging. Dies war zu erwarten – auch wenn beispielsweise die Lufthansa gern tönt: „Luftverkehr wächst – trotzdem weniger Lärm und Emissionen".

Eine detaillierte Abschätzung des Buchautors für das Jahr 1989 zeigt, daß es insbesondere bei den Stickoxiden weiterhin starke Zunahmen geben wird. Die hier genannten Zahlen können jedoch nur unter Vorbehalt genannt werden, da es sich keinesfalls um offizielle Daten handelt. Sie werden jedoch ziemlich gut die tatsächlichen Verhältnisse treffen.

In der Emissionserhebung des TÜV wird zudem eine Erhöhung des Ausstoßes von polyzyklischen aromatischen Kohlenwasserstoffen im gleichen Zeitraum um 13 Prozent auf nunmehr 3 kg pro Jahr angegeben. Viele dieser Verbindungen gelten als hochgradig krebserregend. In einer gesonderten Untersuchung hierzu konnte auch nachgewiesen werden, daß diese Verbindungen in Flugzeugabgasen in einer deutlich anderen Zusammensetzung vorkommen als in der Nähe sonstiger Emittenten (vor allem Straßenverkehr und Kohlehausbrand). Gerade aufgrund dieses klaren Unterschiedes sollte es laut der Hamburger Umweltbehörde „möglich sein, bei Immissionsmessungen in Flughafennähe einen eventuellen Flugzeuganteil der Umweltbelastung nachzuweisen". Bedauerlich ist gerade nach dieser Erkenntnis, daß dies bisher noch nicht gemacht wurde und erst mit einem Meßprogramm 1989/90 in Angriff genommen werden sollte, worüber jedoch noch keine Ergebnisse vorliegen.

Ein spezielles Meßprogramm zur Erfassung der Luftverunreinigungen am Flughafen wurde trotz sehr lange zurückliegender Ankündigung erst 1987/88 durchgeführt. Zuvor wurde bei standardmäßig durchgeführten Meßprogrammen die Region um den Flughafen miterfaßt.

Bei der stichpunktförmigen Erfassung der Luftschadstoffe im gesamten nördlichen Hamburger Stadtgebiet ist für Schwefeldioxid und auch Kohlenmonoxid keine erhöhte Belastung rund um den Flughafen feststellbar gewesen. Bei den durchschnittlichen Stickstoffdioxidwerten ist eine leichte Erhöhung der Meßwerte gegenüber dem Umland festzustellen, die bei den Spitzenwerten noch wesentlich deutlicher ausfällt. Ähnliches gilt für den Schadstoff Stickstoffmonoxid, der bei Verbrennungsvorgängen zunächst ausgestoßen wird und sich später in Stickstoffdioxid umwandelt. Für Stickstoffmonoxid konnten rund um den Flughafen deutlich erhöhte Spitzenkonzentrationen festgestellt werden. Die Mittelwerte jedoch unterscheiden sich von der Umgebung kaum.

Beim Ozon sieht es ein wenig anders aus. Dieser Schadstoff entsteht als Sekundärprodukt nach einer luftchemischen Reaktion aus Kohlenwasserstoffen, Stickstoffoxiden und Kohlenmonoxid. Alle drei Schadstoffe werden vom Flugverkehr immer wieder schubweise nachgeliefert, so daß eine kräftige Ozonproduktion in Gang kommen kann. Dies zeigen auch die Meßwerte am Flughafen, der zwar nicht extrem hohe Werte aufweist, jedoch höhere Werte als die Umgebung. Sowohl die Mittelwerte als auch die Spitzenwerte sind deutlich höher als in der Umgebung. Gerade auch bei Betrachtung der Werte für Stickstoffdioxid und Ozon gemeinsam als „Oxidantien" hebt sich der Flughafen deutlich von seiner Umgebung ab – er birgt das höchste Oxidantien-Potential der Umgebung.

Insgesamt ist dies ein Ergebnis, das man für diese „klassischen Luftschadstoffe“ so erwarten konnte. Die in diesem Stichprobenmeßprogramm im Jahre 1983 festgestellten Konzentrationen liegen zwar über dem Maß, das auf Dauer als gesundheitsschädlich angesehen werden muß. Andererseits liegen diese Meßwerte durchaus im Rahmen dessen, was beispielsweise für die im allgemeinen durch Straßenverkehr belasteten Innenstädte üblich ist.

In dem größer angelegten Meßprogramm der Jahre 1987/88 der Hamburger Umweltbehörde scheint sich diese Aussage zu bestätigen. Auch in diesem Meßprogramm wurden Schwefeldioxid sowie die Stickstoffoxide wieder stichpunktartig erfaßt, wobei teilweise auf Beschwerden aus der Bevölkerung Rücksicht genommen wurde und einige „Sondermeßflächen“ eingeführt wurden. Zusätzlich wurde an einem festen Punkt direkt am Flughafengelände in der Einflugschneise über sechs Wochen kontinuierliche, automatische Messungen rund um die Uhr durchgeführt. Außerdem wurde an diesem festen Standort ebenso wie an den Sondermeßflächen eine Palette von 15 verschiedenen Kohlenwasserstoffverbindungen analysiert. Insgesamt handelte es sich also um ein Meßprogramm mit einem deutlich ausgeweiteten Analysenspektrum.

Wenn sich aus diesen Messungen jetzt Kritiker erhofft hatten, Aufschluß über Gesundheitsgefährdungen zu erhalten, so mußte diese Hoffnung enttäuscht werden. Beim Stickstoffmonoxid sind keine erhöhten Mittelwerte feststellbar, lediglich bei den Spitzenwerten ragen einige Meßpunkte heraus. Dieselbe Aussage gilt in dieser Form für das unmittelbare Folgeprodukt des Stickstoffmonoxides, dem Stickstoffdioxid: leicht erhöhte Spitzenwerte, allerdings für eine Stadt mit Autoverkehr absolut nichts ungewöhnliches. Beim Schwefeldioxid war keinerlei Einfluß erkennbar.

Auch die nachgewiesenen Kohlenwasserstoffverbindungen bewegten sich deutlich unterhalb derjenigen Werte, die andere Messungen in der Innenstadt bzw. an Straßen gebracht hatten. Einzig für den Schadstoff Ethylbenzol (C_8H_{10}) wurden vergleichbare Ergebnisse festgestellt, allerdings unterhalb der Grenze, die für diesen Stoff als gesundheitlich bedenklich gilt.

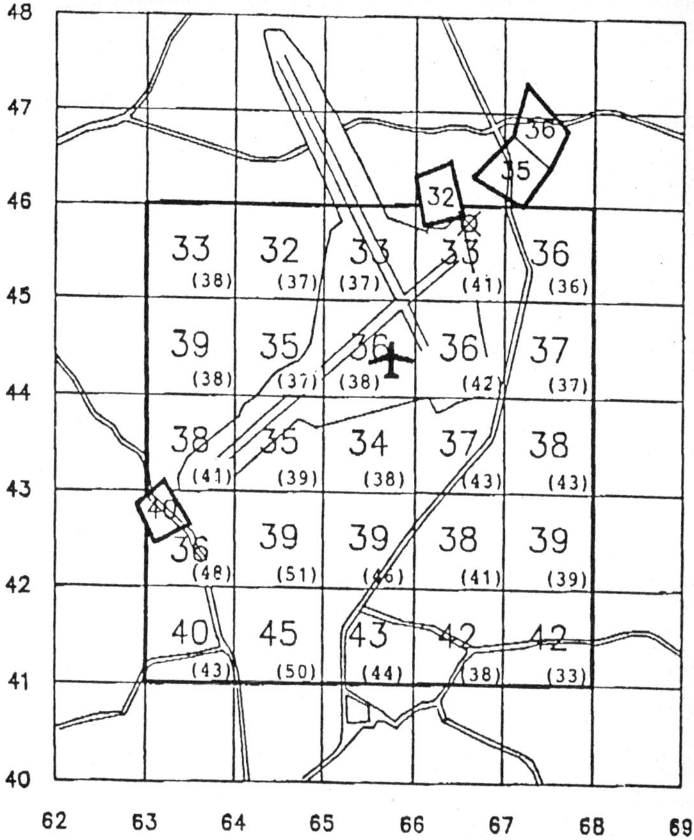

Abb. 5: Schadstoffmessungen um den Hamburger Flughafen: an den Kreuzpunkten des Rasterfeldes wurden Luftschadstoffe stichprobenartig erfaßt. Ebenso an den mit A gekennzeichneten „Sondermeßflächen". Am Punkt B wurden Kohlenwasserstoffe regelmäßig gemessen sowie für einen Zeitraum von sechs Wochen ständig gemessen. In den Ergebnissen ließen sich kaum höhere Luftbelastungen durch den Flugverkehr nachweisen (Quelle: Umweltbehörde Hamburg).
Im nördlichen Gebiet des Flughafens konnte nicht gemessen werden: Das Gebiet gehört bereits zu Schleswig-Holstein und, somit nicht mehr in die Zuständigkeit des Hamburger Meßtrupps...

Die Aussage, daß diese Stoffe unterhalb der in einer mit Autoverkehr belasteten Stadt liegen, heißt jedoch noch lange nicht, daß dies unbedenklich ist.

Ganz besonders für Kohlenwasserstoffe gilt dies. So konnte Benzol in der Flughafenumgebung in einer Spanne von 3,6 bis 5,1 Mikrogramm pro Kubikmeter Luft nachgewiesen werden. Diese Werte liegen ca. bei einem Viertel des in einer stark befahrenen Straße gemessenen Benzols. Allerdings ist Benzol mittlerweile als ein stark krebserregender Stoff überführt. International setzt sich langsam die Erkenntnis durch, daß ein Wert von höchstens einem Mikrogramm Benzol pro Kubikmeter Luft anzustreben sei. Der Flughafen liegt noch weit hierüber. Aus den Messungen geht allerdings nicht hervor, wie groß der Anteil des Flugverkehrs an diesen Werten ist. Ähnliches gilt analog für andere der nachgewiesenen Kohlenwasserstoffe.

Aus dieser Untersuchung sind also kaum Anhaltspunkte auf erhöhte Schadstoffbelastungen am Flughafen Hamburg zu ersehen. Dies mag auch daran liegen, daß die äußeren Bedingungen im Meßzeitraum ungewöhnlich waren. So gab es in dem äußerst milden Winter 87/88 keinerlei austauscharme Wetterbedingungen, in denen es zu einer erheblichen Schadstoffansammlung bzw. -anreicherung in der Luft hätte kommen können. Trotz der aufwendigen Untersuchung ist also nichts darüber bekannt, wie sich unter solchen Bedingungen, die im Winter hin und wieder auftreten, die Luftschadstoffe aus den Flugzeugdüsen verhalten. Es ist durchaus wahrscheinlich, daß es an Großflughäfen während solcher typischen Smogsituationen zu gesundheitlich kritischen Schadstoffkonzentrationen kommt.

Sehr ungeschickt ist unter diesem Aspekt auch die Wahl des Zeitraumes für den Einsatz der kontinuierlich messenden Geräte. Diese sind ausgerechnet während des Sommers (Ende Juli bis mit September '88) aufgestellt worden – ein Zeitraum, in dem die Luftdurchmischung besonders gut ist. So war von vornherein keine Anreicherung der Luftschadstoffe am Flughafen zu erwarten.

Auch ein anderes Faktum ist bei dieser Messung weitgehend unberücksichtigt geblieben: Aufgrund des thermischen Auftriebs in Folge der sehr hohen Abgastemperatur sowie wegen der sehr hohen Austrittsgeschwindigkeit der Abgase an den Düsen (600 Meter pro Sekunde) tritt die höchste Schadstoffbelastung durch Flugzeuge nicht in unmittelbarer Nähe des Flughafens auf. Wissenschaftliche Untersuchungen aus den 70er Jahren besagen, daß erst ab einer Entfernung von einem Kilometer von Flughäfen die Schadstoffe überhaupt erst meßbar zu erfassen sind. Die höchsten mittleren Immissionswerte treten sogar erst in fünf Kilometer Entfernung vom Flughafen auf. Allerdings ist dann in der Regel aufgrund zahlreicher anderer, sich überlagernder Einflüsse (Autoverkehr, Industrie der Umgebung) nicht mehr im einzelnen nachvollziehbar, welche gemessene Schadstoffmenge nun tatsächlich aus den Triebwerken der Flugzeuge stammt.

Ist Gestank am Flughafen nur eine Belästigung?

Etwas weiter als die erfolglosen Untersuchungen der Umweltbehörde Hamburg führt da schon ein Gutachten des TÜV Norddeutschland. In diesem Bericht werden die im Umfeld immer wieder zu Recht beklagten Geruchsbelästigungen näher untersucht. Die Ergebnisse dieser Untersuchung sind offenbar für die Umweltbehörde unbequem. Trotzdem wurde in einem internen Schreiben vorgeschlagen, diese zu veröffentlichen, allerdings: „Vorher sollten ... die möglicherweise erhebliche politische Brisanz und die Folgen für das Verwaltungshandeln (z.B. Ausweisung von Wohnbebauungen, Minderungsmaßnahmen) innerbehördlich diskutiert werden." Denn das Gutachten des TÜV „kommt zu dem Ergebnis, daß erhebliche Belästigungen im Sinne des § 1 BImSchG in einigen Wohngebieten der Flughafenumgebung durch Gerüche gegeben sind."

Es ist durchaus lobenswert, daß das Gutachten des TÜV trotz der „politischen Brisanz" veröffentlicht worden ist. Worauf beruhen diese für die Anwohner unzumutbaren Gerüche, die es natürlich nicht nur in Hamburg, sondern ebenso an allen anderen Flughäfen gibt?

Hier werden vom TÜV vor allem vier Punkte genannt, die hauptverantwortlich für den Gestank sind und die analog auf allen Flughafenbetrieben (Ausnahme die in Hamburg angesiedelte Lufthansa-Werft) anzutreffen sind:

a) Flugbetrieb (Starten, Landen)

b) Vorfeldbetrieb (Rollen vor Start und nach Landung, Hilfstriebwerke, Triebwerkscheck, Betanken)
c) Lufthansawerft (Triebwerksprüfstand, Lärmschutzhalle)
d) Lagerung und Umschlag von Flugbenzin.

Nachdem in der Untersuchung in akribischer Arbeit dargestellt worden ist, wie groß die „Geruchs-Emission" der einzelnen Flughafen- Aktivitäten jeweils sind, ließen sich die Verhältnisse relativ genau unterscheiden. Zur Erläuterung der Ergebnisse soll hier kurz der Begriff der Geruchseinheit bzw. der Geruchskonzentration erläutert werden. Der Geruchsschwelle des Menschen entspricht die definierte Größe von einer Geruchseinheit (GE) pro Kubikmeter. Dies bedeutet, daß in diesem einen Kubikmeter soviel (bzw. so wenig) Geruchsstoffe enthalten sind, daß diese gerade vom Menschen gerochen werden können.

Wird für eine Geruchsquelle z.B. ein Wert von 100 GE pro Kubikmeter angegeben, dann bedeutet das, daß auf 1 Teil Abluft hiervon 99 Teile absolut geruchsfreier Luft vonnöten sind, damit dieses Gemisch gerade noch riechbar ist. Hiermit lassen sich die verschiedenen Geruchskonzentrationen der Flugzustände bestimmen. Die TÜV- Untersuchung für Hamburg ergab folgende durchschnittliche Werte:

Flugzeugstart	1.015 GE/m^3
Flugzeuglandung	420 GE/m^3
Rollen zum Start	320 GE/m^3
Rollen nach Landung	320 GE/m^3
Hilfstriebwerke	4.000 GE/m^3
Betankung	4.200 GE/m^3
Umschlag von Kerosin	4.200 GE/m^3
Triebwerksprüfstände	je nach Leistungsstufe.

Für eine gesamte Quantifizierung der Geruchsbelästigungen am Hamburger Flughafen muß neben der obigen Konzentrationsangabe noch die Anzahl der einzelnen Vorkommnisse, deren Dauer sowie deren Luftdurchsatz (also die gesamte Abgasmenge) berücksichtigt werden. Hiernach kam der TÜV zu folgenden Anteilen an der gesamten Geruchsverursachung:

Flugzeugstart	50,3 %
Hilfstriebwerke	15,9 %

Lufthansawerft	13,4 %
Rollen vor Start	9,5 %
Rollen nach Landung	6,4 %
Flugzeuglandung	4,4 %
Kerosin-Umschlag u. Lagerung	0,1 %
Betanken	$<$ 0,1 %

Zu diesen Zahlen betont der TÜV, daß es sich um eine Abschätzung handelt. Dies ist so, weil die Geruchsemissionen der verschiedenen Triebwerksarten im einzelnen nicht bekannt sind und nur aus wenigen Einzel-Untersuchungen bestimmt wurden.

Diese Geruchsemissionen führen in der Umgebung des Flughafens, wie schon erwähnt, zu Belästigungen. Diese sind natürlich umso stärker, je näher man an den Flughafen herankommt. Insgesamt sind es Zehntausende von Personen, die hierunter zu leiden haben.

Besonders kräftiger Gestank breitet sich in den Morgenstunden zwischen 6.00 und 9.00 Uhr aus, wozu besonders die normalerweise windarme Wetterlage beiträgt sowie der Kaltstart der Flugzeuge. Zusammenfassend wird festgestellt, daß neben den Triebwerken und den Hilfstriebwerken andere Emissionsquellen eine nur untergeordnete Rolle spielen.

Die Aussage, daß dort starker Gestank herrscht, beinhaltet allerdings noch keine Aussage darüber, ob eine konkrete Gefahr für die Gesundheit besteht. Zunächst einmal ist durch diese Feststellung „nur" eine erhebliche Belästigung der Umgebung durch Geruchsstoffe manifestiert. Erst bei der Feststellung der genauen Zusammensetzung dieser Gase stellt sich eine mögliche Gesundheitsgefährdung heraus.

Flughäfen nicht im Immissionsschutzgesetz berücksichtigt

Man muß sich also endlich Gedanken darüber machen, was diese „Geruchs-Stoffe" beinhalten. Es handelt sich hierbei mit Sicherheit um einen sehr reichhaltigen Cocktail aus diversen Verbrennungsprodukten, aber eben auch unverbrannte oder nur teilweise umgewandelte Schadstoffe. Es ist höchst wahrscheinlich, daß diese Geruchsfahnen auch mit krebserzeugenden Stoffen geschwängert sind, mit denen dann die Anwohner an über fünf Prozent aller Jahresstunden konfrontiert sind. Eine erhöhte Krebsrate an Flughäfen wäre demzufolge keine Überraschung – und erste Hinweise hierauf gibt es auch bereits.

Die Verhältnisse sind in dieser Form untragbar. Es mutet da insgesamt schon äußerst absurd an, daß ein Flughafen keine nach dem Bundesimmissionsschutzgesetz (BImSchG) genehmigungsbedürftige Anlage ist. Wäre dies der Fall, dann müßte beispielsweise ein solches Gutachten, wie das vom TÜV zum Flughafen in Hamburg-Fuhlsbüttel, Konsequenzen haben. Dies würde dann unumgänglich zu nachträglichen behördlichen Anordnungen zur Reduzierung der Luftverschmutzung führen (dies wird von der Hamburger Umweltbehörde intern auch so festgestellt). Allerdings sind solche Anordnungen lediglich bei Industriebetrieben möglich – nicht bei Flughäfen oder auch bei Straßen. Also ist man auch als gefährdeter Anwohner vom Gesetz alleingelassen.

Und die wenigen in der TA-Luft verankerten Grenzwerte: sie haben daher ebenso keine Gültigkeit für Flughäfen und sind bei Neu- und Ausbauten nicht von Bedeutung. Auch die Smog-Verordnungen der Länder machen vor Flughäfen bisher Halt und sorgen nicht für einen Stopp des Flugverkehrs während Smog-Situationen.

Andere Flughäfen, ähnliche Verhältnisse

Nach dieser ausführlichen Darstellung der Verhältnisse am sehr stadtnah gelegenen Hamburger Flughafen soll hier noch auf sonstige Ergebnisse von Untersuchungen an anderen Flughäfen eingegangen werden. Interessant ist sicherlich vor allem der Flughafen Frankfurt, der mit Abstand größte bundesdeutsche Flughafen. Leider jedoch gibt es hierzu bisher in der Öffentlichkeit nur sehr alte und wenige Zahlen. Die Luftverschmutzung wurde gemessen zwischen 1973 und 1975. Zudem wurden für 1979 einmal gesondert die Emissionen abgeschätzt (und im Luftreinhalteplan der hessischen Landesregierung „aktuell" veröffentlicht – im Jahre 1988!!), außerdem berechnete man natürlich in der großangelegten TÜV-Studie die

Emissionen für 1984. Sonstige Untersuchungen sind bisher nicht über die Frankfurter Grenzen hinaus bekannt geworden.

Dort hatte man sich in der Untersuchung für 1979 einmal die Mühe gemacht, nicht nur die Flugzeuge selbst einschließlich der US-Militärflugzeuge der angegliederten US-Air-Base zu berücksichtigen, sondern auch den mit dem Flughafenbetrieb verbundenen Autoverkehr (Zufahrtsstraßen, Parkgelände, Parkhäuser und der Vorfeld-Verkehr auf dem eigentlichen Fluggelände) sowie die stationären Quellen (Heizwerk, Triebwerksprüfstand, Großküchen, Feuerungsanlagen, Tanklager etc.). Die festgestellten Schadstoffmengen lagen natürlich aufgrund des insgesamt wesentlich größeren Verkehrsaufkommens deutlich höher als beispielsweise in Hamburg. Bei dieser Studie wurden die im folgenden kurz zusammengefaßten Emissionsdaten errechnet:

	Emissionskomponente (in t)				
	CO	NO_x	C_nH_m	SO_2	Ruß
Flugzeuge mit:					
- Strahlantrieb	3.223	809	1.338	99	50
- Turbopropantrieb	33	2	19	1	1
US-Militärflugzeuge	254	63	162	7	26
Kfz-Verkehr	2.388	190	234	24	8
bodengebundene Quellen	15	101	547	60	–
Gesamt	5.913	1.165	2.300	191	85

Dies sind erhebliche Mengen an Schadstoffemissionen. Berücksichtigt werden muß die Tatsache, daß sich seit 1979 die Anzahl der Starts und Landungen auch in Frankfurt erheblich erhöht hat. Binnen zehn Jahren gab es 50 Prozent mehr Flugbewegungen, was für den Schadstoffausstoß selbstverständlich Folgen hat. Aufgrund der in diesem Zeitraum vermehrt eingesetzten neuen Triebwerke ist anzunehmen, daß die Stickoxide deutlich überproportional (also um mehr als 50 Prozent) angestiegen ist. Dagegen sind wahrscheinlich die Mengen an unverbrannten Kohlenwasserstoffen sowie an Kohlenmonoxid unterproportional angestiegen, also um weniger als 50 Prozent.

Auffällig ist, daß die Flugzeuge selber für alle Schadstoffe den größten Beitrag liefern. Der mit dem Flugbetrieb verbundene Kfz-Verkehr spielt vor allen Dingen beim Kohlenmonoxid eine Rolle, die Bodenquellen beim Schwefeldioxid und bei den Kohlenwasserstoffen (vor allem Lagerung und Umschlag von Treibstoff sorgen hier für die relativ hohen Zahlen).

Zur Relativierung dieser Ergebnisse wird in der genannten Untersuchung jedoch erwähnt, daß auf der am Frankfurter Flughafen entlangführenden Autobahn pro Jahr Schadstoffmengen in nahezu gleicher Menge von den Autos ausgestoßen werden. Bei den Stickstoffoxiden ist die auf den Autobahnen emittierte Menge sogar höher als diejenige der Flugzeuge.

Aber trotzdem: In der breit angelegten Untersuchung für den „Luftreinhalteplan Untermain" der hessischen Landesregierung wird deutlich, daß der Flughafen ein ganz massiver Luftverpester in Frankfurt ist. Zu dem Erhebungsgebiet gehören unter anderem die Städte Frankfurt, Offenbach, Hanau, Mülheim, Eschborn, Kelsterbach und Raunheim. Dieses Gebiet hat man in 1 km^2 große Flächen aufgeteilt und in allen diesen quadratischen Flächen die Schadstoffemissionen ermittelt. Heraus kam, daß nach zwei industriellen Großquellen auf den Flächen vor dem Terminal auf dem Flughafen beim Kohlenmonoxid die absolut höchste Emissionsdichte herrscht. Dies heißt, daß im gesamten Frankfurter Stadtgebiet sowie in der Umgebung durch den Autoverkehr und den Hausbrand nirgendwo auf einer solchen kleinen Fläche auch nur anähernd eine so große Schadstoffmenge ausgestoßen wird.

Ähnliches gilt für die gefährlichen Stickoxide: Nur an wenigen Industriebetrieben gibt es höhere, auf einigen wenigen Autobahnknotenpunkten (z.B. dem Frankfurter Kreuz) gibt es vergleichbare Emissionsdichten wie auf dem Frankfurter Flughafen. Nirgendwo in dem Gebiet wurde durch den Verkehr auch nur annähernd eine so große Emissionsdichte für Schwefeldioxid und Stäube erreicht wie auf dem Flughafen – allerdings überwiegen hier noch die industriellen Luftverpester. Bei den Rußemissionen ist der Flughafen im Untermaingebiet einsame Spitze. Zumindest im Jahre 1981, für das diese Angaben veröffentlicht wurden. Sie hätten lieber aktuellere Angaben? – nun, dem Buchautor geht es ebenso. Aber entweder gibt es derzeit noch keine aktuelleren Daten, oder aber sie werden vom hessischen Minister für Umwelt und Reaktorsicherheit bewußt zurückgehalten.

Schadstoffmessungen am Frankfurter Flughafen gab es nur bis 1975

Untersuchungen über die tatsächliche Schadstoffbelastung der Luft am Flughafen in Frankfurt sind spärlich. So hat es die für Luftmessungen zuständige Landesbehörde, die Hessische Landesanstalt für Umwelt, bisher noch nicht einmal fertiggebracht, in Flughafennähe (z.B. in Terminalnähe, wo sich relativ viele Personen aufhalten) eine feste Luftmeßstation einzurichten. Bei einem Flughafen dieser Größenordnung ist dies auf jeden Fall ein fatales Versäumnis. Schon allein zum Erkennen von Trends und besonders schweren Belastungssituationen wäre eine solche Maßnahme zur ständigen Kontrolle von höchster Dringlichkeit.

Hieran zeigt sich jedoch in der zuständigen Behörde bisher wenig Interesse. Gern verweist man auf eine in den Jahren 1975 bis 1978 erstellte Studie des Instituts für Wasser-, Boden- und Lufthygiene des Bundesgesundheitsamtes. Dort heißt es in der Zusammenfassung lapidar: „Lufthygienisch kritische Immissionen wurden nicht vorgefunden". Trotzdem mußte festgestellt werden, daß die Schadstoffbelastung am Frankfurter Flughafen besonders bei den Stickoxiden, aber teilweise auch beim Kohlenmonoxid, höher lag als in der Innenstadt von Frankfurt (beide Schadstoffe wurden nur 1975 ! mit kontinuierlich messenden Geräten erfaßt). Bei den Stickoxiden wurde damals am Flughafen ein um 40 Prozent höherer Durchschnittswert als in der Innenstadt ermittelt. Bei den Höchstwerten wurde ein sogar um 72 Prozent höherer Wert festgestellt. Auch bei den besonders gefährlichen polyzyklischen aromatischen Kohlenwasserstoffen wurden teilweise deutlich höhere Spitzenwerte als in der Innenstadt registriert. Und wer wollte schon behaupten, daß die Luft von Innenstädten nicht gesundheitsgefährdend – und somit „lufthygienisch kritisch" ist?

Gerade die Innenstädte sind immer durch Autoabgase besonders belastet, wenn beispielsweise in Frankfurt auch etwas weniger als die Flughafenluft. Zudem haben sich seit der damaligen

Untersuchung viele neue Erkenntnisse über die schädliche Wirkung von Schadstoffen ergeben, die immer wieder dazu führen, daß die als schädlich erkannten Grenzen bei den Luftschadstoffen nach unten gesetzt werden müßten (was jedoch nur selten passiert). Auch haben sich seit der damaligen Messung die Analysengerätetechniken wesentlich verbessert.

Bei dem aktuellen Stichproben-Meßprogramm im Untermaingebiet, das für den schon erwähnten „Luftreinhalteplan Untermain“ angefertigt wurde, wurde auch das Gebiet um und im Flughafen mitberücksichtigt. Zu diesen Stichprobenmessungen muß man jedoch bedenken, daß sie mit erheblichen Unsicherheiten behaftet sind, da in einem 1 x 1 Kilometerraster die Luftverschmutzung jedes Eckpunktes im Laufe zweier Jahre nur 13mal für jeweils eine halbe Stunde festgestellt wird. Und dies auch nur während der Arbeitstage zwischen 8.00 und 16.00 Uhr. Erstellt wurde dieses Meßprogramm in der Flughafenregion zwischen 1984 und 1986.

Es muß verwundern, daß bei diesen Messungen für keinen einzigen Schadstoff höhere Konzentrationen als in der Innenstadt festgestellt wurden – gerade bei Berücksichtigung der Tatsache, daß die Emissionsdichte auf dem Flughafen zum Teil extrem hoch ist. Lediglich bei den Stickoxiden und teilweise beim Kohlenmonoxid sind Erhöhungen gegenüber den ländlichen Gebieten festzustellen. Es wurden auch Werte festgestellt, die zwar mit Sicherheit als gesundheitlich höchst bedenklich gelten müssen – auch wenn die bundesdeutschen Grenzwerte dies nicht so definieren wollen.

Andererseits werden die Schadstoffkonzentrationen der zum Untermaingebiet gehörenden Innenstädte auf und an dem Flughafengelände nicht erreicht. Warum dies so ist, bleibt völlig offen und kann nur verwundern.

Erwähnt werden muß zu diesem Meßprogramm noch, daß man ausgerechnet bei der Messung des Staubniederschlags gekniffen hat. Denn bei der Erfassung dieser „schweren“ Staubteile, die zu Boden sinken (im Gegensatz zum „leichteren“ Schwebstaub), hat man ausgerechnet das Flughafengebiet ausgespart. Dies ist besonders bedauerlich, da bei diesen Messungen der Anteil der enthaltenen Schwermetalle recht komfortabel miterfaßt werden kann. Möglicherweise ist dies jedoch auch beabsichtigt gewesen?

Besonders tut sich der Flughafen auch als „Stinker" hervor. Nur in der Umgebung der Chemiefabriken in Frankfurt-Höchst sowie in einem kleinen Gebiet der Innenstadt stinkt es so häufig wie am Flughafen. Diese „Geruchsereignisse" bedeuten erhebliche Gefährdungen der Umgebung (s. Abschnitt über Ergebnisse einer Hamburger Untersuchung).

Man hat von seiten des hessischen Umweltministeriums wiederholt versucht, den Flughafen „sauberzubeten", doch hierzu besteht kaum Anlaß. Die Schadstoffemissionen und somit auch die meßbare Luftbelastung sind seit dem Erhebungszeitraum ohne Zweifel noch einmal dramatisch gestiegen. Besonders für die Stickoxide wird dies gelten, so daß die Forderung nach Einrichtung einer festen Luftmeßstation nur noch einmal wiederholt und bekräftigt werden kann.

Schadwirkungen von Flugzeugabgasen

In einer 1970 veröffentlichten Studie kamen Forstwissenschaftler der Universität München bei der Untersuchung von seinerzeit noch weitgehend unbekannten Waldschäden in der Nähe des Münchener Flughafens Riem zu dem Ergebnis, daß hierfür vor allen Dingen Flugzeugabgase verantwortlich sein müssen. Andere unmittelbar einwirkende Schadstoffemittenten waren damals auszuschließen. Insbesondere die damals noch in deutlich größerem Maße als heute dem Treibstoff beigemengten Bleiverbindungen wurden für die Pflanzenschäden verantwortlich gemacht. Auch wurde vermutet, daß weitere, den Autoren noch nicht bekannte Spurenstoffe aus Flugzeugdüsen hierfür verantwortlich waren.

Nun sollte man meinen, daß solche Ergebnisse aufhorchen lassen und weitere Forschungen in Gang setzen. Allerdings liegt man mit solchen Vermutungen nicht richtig. Nur vereinzelte Veröffentlichungen sind in der Fachliteratur ausfindig zu machen – diese kommen zumeist zu dem Schluß, daß kaum Schäden nachzuweisen sind. So wurde 1990 eine Untersuchung des „Amtes für Wehrgeophysik" veröffentlicht, in der mittels „Bioindikatoren" (Bewuchs von empfindlichen Flechten an Bäumen) die Auswirkung von Luftverschmutzungen an Militärflugplätzen unter die Lupe genommen worden war. Diese Studie war an den beiden Flugplätzen Büchel (Eifel) sowie Pferdsfeld (Hunsrück) erstellt worden. Beide Flugplätze sollen derzeit über rund 14.000 Flugbewegungen jährlich verfügen.

Zusammenfassend kam das Amt für Wehrgeophysik zu folgender knappen Aussage: „Der durch den lokalen Flugbetrieb auf den Flugplätzen Büchel und Pferdsfeld verursachte Schadstoffausstoß liegt den Untersuchungsergebnissen zufolge in einer Größenordnung, die durch die noch relativ intakten Ökosysteme der Umgebung abgepuffert werden kann und zu keiner sichtbar nachweisbaren Schädigung der Vegetation führt."

Es lassen sich trotzdem einige grundsätzliche Vermutungen über mögliche Schadwirkungen der Flugzeugabgase anstellen, wie sie von anderen Emittenten wie z.B. dem Autoverkehr zumindest teilweise bekannt sind.

Die auch aus Flugzeugabgasen ausgestoßenen Stickoxide sind z.B. für eine ganze Palette von Umweltwirkungen verantwortlich zu machen. So sind sie als Reizgas giftig vor allem für Menschen und Tiere, sind aggressiver als beispielsweise Schwefeldioxid und gelangen eher in den tiefer gelegenen Atemwegen zur Wirkung. Die Wirkungen können sowohl reversibel als auch irreversibel (rückgängig sowie nicht rückgängig) sein und stellen sich im wesentlichen im Bereich der Bronchiolen und Alveolen ein. Vermehrtes Auftreten von Atemwegserkrankungen ist somit auch den Stickoxiden zuzuschreiben. Auch eine karzinogene (=krebserzeugende) Wirkung kann bisher nicht ausgeschlossen werden. Zudem sorgen die Stickoxide für die Bildung des extrem giftigen photochemischen „Sommersmogs" (vor allem Ozon) und bilden in der Luft in Verbindung mit Wasserdampf Salpetersäure. Diese ganze Palette von äußerst schädlichen Wirkungen der Stickoxide ist allgemein bekannt.

Das aus Flugzeugdüsen stammende Kohlenmonoxid (CO) ist für Menschen und warmblütige Tiere ein Atemgift. Wirkungen auf Pflanzen oder Materialien sind jedoch bisher nicht erkannt worden. Dieser Stoff wirkt vor allem dadurch, daß er aus der Lunge ins Blut diffundiert und dort eine wesentlich schnellere und stärkere Bindung mit den roten Blutkörperchen eingeht als Sauerstoff. CO bewirkt also eine geringere Sauerstoff-Aufnahmefähigkeit des Blutes. In Extremfällen kann es hierdurch zu Sauerstoffarmut in Organen kommen. Die derzeit in der Literatur als gesundheitsgefährdend angegebenen Werte liegen jedoch weit über denjenigen, die an den Flughäfen erreicht werden. In dieser Beziehung ist beispielsweise Kneipenluft um ein Vielfaches stärker belastet als Flughafenluft.

Klagen aus der Bevölkerung – woran liegt's?

Obwohl für die genannten Schadstoffe nur relativ geringe Konzentrationen gemessen wurden, kommt es doch immer wieder zu vielen Klagen aus der an Flughäfen wohnenden Bevölkerung. Und dies sicherlich auch zu Recht. Denn die gesundheitlichen Gefahren scheinen weniger aus den erklärten Schadstoffen her zu stammen als vielmehr aus den in geringeren Mengen ausgestoßenen Spurenstoffen. Auch insbesondere die Luftbelastung durch Ruß und außerdem Schmieröle scheint kritisch zu sein. Möglicherweise ein Grund dafür, warum diese Stoffe bisher nicht in Meßprogrammen erfaßt werden?

Vor allem aber ist bisher wenig bis gar nichts über die Wirkungen der breiten Palette von Kohlenwasserstoffverbindungen bekannt. Nicht einmal die chemische Zusammensetzung der in Flugzeugabgasen vorkommenden Kohlenwasserstoffe ist bisher vollständig bekannt.

Noch weniger weiß man jedoch über die Wirkungen, die diese Verbindungen auf Menschen, Tiere und Pflanzen haben. Auch für die zahlreichen Additive des Treibstoffs sowie deren Folgeprodukte gilt: Umweltwirkung völlig unbekannt. Man handelt da lieber nach einem Motto, das so auch schon in der Steinzeit angewandt wurde: erstmal ausprobieren und gucken, was passiert.

Aber gerade hier scheint sich ein giftiges Potential zu sammeln. Dieses Potential ist nur äußerst schwierig abzuschätzen, da die Additive zum Flugzeugtreibstoff zumeist kaum bekannt sind. Es gibt Experten, die die Bildung so hochgiftiger Verbindungen wie Dioxine, Furane, PCB's für wahrscheinlich halten. Dies würde das Vorhandensein von Stoffen der chemischen Gruppe der Halogene im Treibstoff voraussetzen. Dies wird von offizieller Seite zwar bestritten bzw. auf ein zu vernachlässigendes Maß heruntergeredet, allerdings haben Privatpersonen bisher auch noch keine Gelegenheit bekommen, das von den Großraumjets verwendete Kerosin auf eigene Kosten bei einem unabhängigen Institut untersuchen zu lassen. Man weigert sich schlicht, den billigen Treibstoff hierfür herauszugeben.

Angaben über die komplette Zusammensetzung des Kerosins sind deswegen nicht erhältlich und nur auf allgemeine, öffentlich zugängliche Quellen zu beschränken.

Solche Geheimniskrämerei läßt natürlich Schlimmes vermuten – denn wenn man nichts zu verbergen hätte, könnte man sich ja problemlos den Sprit für detaillierte Analysen abkaufen lassen. Die Anwohnerinnen und Anwohner von Flughäfen werden stattdessen lieber im Dunkeln gelassen. Und dies, obwohl sie seit langem erheblichen Luftbelastungen durch Flugzeuge ausgesetzt sind. In einem gut recherchierten Artikel der Zeitschrift „Quick“ wird das Elend der Menschen dargestellt, die am Flughafen Frankfurt oder in den Einflugschneisen leben. Dort ist immer wieder die Rede von rußgeschwärzten Fenstern, Ölfilmen in Freibädern und massiv auftretenden Atemwegserkrankungen – nicht nur bei Kindern und Alten. Auch eine der Umgebung gegenüber deutlich erhöhte Krebssterblichkeit wurde festgestellt – von einem Institut der Frankfurter Universität.

Vieles deutet darauf hin, daß vor allem Ruß und Kohlenwasserstoffe für diese Menschen eine Bedrohung sind. Doch die verantwortlichen Entscheidungsträger wollen dies bisher nicht wahrhaben, verweisen auf Industrie und Autoverkehr und darauf, daß es in dem komplexen Umweltsystem immer unmöglich ist, einzelne Verursacher auszumachen. Andererseits gibt man jedoch auch erhebliche Wissenslücken zu (ohne ernsthaft deren Behebung anzustreben) und leugnet nicht, daß krebserregende Stoffe ausgestoßen werden könnten.

Die Hamburger Behörde für Arbeit, Gesundheit und Soziales drückt dies so aus: „Gesundheitsgefährdende Stoffe, darunter auch krebserregende, können in Kerosinabgasen enthalten sein. ... Der derzeitige Kenntnisstand über die Inhaltsstoffe des Kerosins, dessen Abgasprodukte, sowie deren Konzentrationen in der Umwelt ist jedoch noch unvollständig. In dieser Hinsicht und insbesondere bezüglich der Rußablagerungen aus Kerosinabgasen muß offen bleiben, ob mit gesundheitlichen Auswirkungen zu rechnen“ ist.

So kann (oder will?) nicht einmal die Bundesregierung Schätzungen, geschweige denn konkrete Zahlen liefern, wieviele Flugbewegungen bei Smogsituationen und Inversionswetterlagen stattfinden. Doch gerade hier wird es kritisch. Handelt es sich bei diesen besonderen Wetterlagen doch um Situationen, bei denen es nicht wie üblich zu einem guten Luftaustausch und somit zu einem Verdünnen der Luftschadstoffe kommt. Auch bei solchen extremen Luftschadstoffbelastungen dürfen die Flugzeuge munter weiterfliegen, denn es gibt nirgendwo ein Verbot des Flugverkehrs, wenn Smog herrscht. Während Bürgerinnen und Bürger ihre Autos stehen lassen müssen und die Raumheizung auf 18 Grad drosseln sollen (was alles ja auch gut und sinnvoll ist), stoßen Flugzeuge unbehindert ihre gewaltigen Schadstoffmengen weiterhin aus. Dies muß für die in solchen Situationen besonders betroffenen Personen (Atemwegserkrankte, Alte, Kinder) wie ein Hohn erscheinen.

Foto: Argus

Flugzeuge – Die großen Klimakiller?

Es ist noch gar nicht allzulange her, da es in einigen Ländern hochtrabende Pläne gab: Der Geschwindigkeitsrausch hatte alle gepackt, auch das Fliegen sollte im Laufe der 70er Jahre noch schneller werden. Überschallflugzeuge für den Passagierbereich zogen Flugzeugkonstrukteure und mit ihnen Wirtschaft und Politik magisch an. In den USA machte man sich damals jedoch nicht nur Gedanken über die Entwicklung solcher Jets (Boeing), sondern ebenso über die Folgen einer solchen Entwicklung. Entsprechend erschrocken war man, als im Jahre 1971 eine Studie des amerikanischen Forschers Johnston bekannt wurde.

Hier wurde nämlich für eine weltweit operierende Flotte von 500 Überschallverkehrsflugzeugen, die (wie von Boeing geplant) in Höhen über 18 km operieren, eine drastische Reduzierung der dort vorhandenen Ozonschicht vorausgesagt. Die damaligen Schätzungen sagten für die genannte Flottengröße eine Reduzierung des gesamten Ozongehaltes dieser Luftschicht um 50 Prozent voraus, hervorgerufen durch die in diesen Höhen emittierten Stickoxide. Auch wenn diese Untersuchung zu der damaligen Zeit kaum in die Öffentlichkeit gelangte (das Wort Ozonloch existierte noch gar nicht, und Stickoxide waren wie die Fluorchlorkohlenwasserstoffe nur ausgesprochenen Experten ein Begriff), so sorgte sie doch neben wirtschaftlichen Gründen dafür, daß die in Aussicht gestellte Überschallgeschwindigkeitsflotte nicht bzw. nur in Ansätzen verwirklicht wurde (13 Exemplare der französisch/britischen Co-Produktion Concorde fliegen derzeit, außerdem entwickelte die Sowjetunion ein Überschallflugzeug des Typs Tupolew TU-144 das jedoch keinen wirtschaftlichen Erfolg brachte). Ein junges Beispiel für die heute oft geforderte und noch öfter nötige Technikfolgenabschätzung.

Mit später folgenden Untersuchungen stellte sich heraus, daß Johnston aufgrund einiger unzulässiger Vereinfachungen zu hoch gegriffen hatte: Die Ozonabnahme hätte nicht bei 50 Prozent gelegen, sondern wäre deutlich geringer ausgefallen.

Trotzdem haben wir Grund genug, dem Forscher dankbar zu sein: lenkte er doch entschieden den Blick auf eine große ökologische Gefahr, die heute schon den ABC-Schützen ein Begriff ist – die weltweite Zerstörung der lebenswichtigen Ozonschicht. Mit der geplanten Überschallflotte wäre diese hochempfindliche Schutzschicht um die Erde heute schon wesentlich stärker ausgedünnt.

Ein Ozonkiller ähnlich den FCKW: Der Flugverkehr

Aber auch durch den heutigen Flugverkehr wird die Ozonschicht gefährdet. Dies geschieht vor allem dadurch, daß heute zahlreiche Mittel-, vor allem aber die Langstreckenflüge in Höhen stattfinden, die in besonders empfindliche Schichten der Atmosphäre hineinreichen: in die Tropopause und die Stratosphäre. Die Atmosphärenschicht, in der wir leben – die Troposphäre – reicht in Höhen zwischen 8 km (in den Polarregionen) und 16 km (in den Tropen). In unseren Breiten reicht die Troposhäre bis 10 km hinauf. In dieser Schicht spielt sich das gesamte Wettergeschehen ab. Sie beinhaltet auch die weitaus meisten der an der Erdoberfläche ausgestoßenen Luftschadstoffe, von denen sich wiederum der größte Teil bis zu der sogenannten planetarischen Grenzschicht aufhält, deren Höhe vor allem mit Jahreszeit, Temperatur und Sonneneinstrahlung zwischen 200 und 2000 m schwankt (wenn die planetarische Grenzschicht im Winter sehr niedrig bei rund 200 m Höhe und darunter liegt, kommt es zu den gefürchteten Smog-Wetterlagen). Mit jedem Kilometer Höhe nimmt die Temperatur in der Troposphäre um durchschnittlich 6,5° C ab.

Oberhalb der Troposphäre ist die Tropopause angesiedelt, eine sehr dünne Luftschicht, in der ein Temperaturminimum liegt und die eine trennende Funktion zwischen Troposphäre und Stratosphäre besitzt („Diskontinuitätsschicht“). Hierüber liegt die in der Temperatur wieder stark ansteigende Stratosphäre. In diesem luftchemisch völlig anders aufgebauten Atmosphärenteil ist die vieldiskutierte Ozonschicht angelagert – in unseren Breiten beginnt sie bei rund 12 km Höhe.

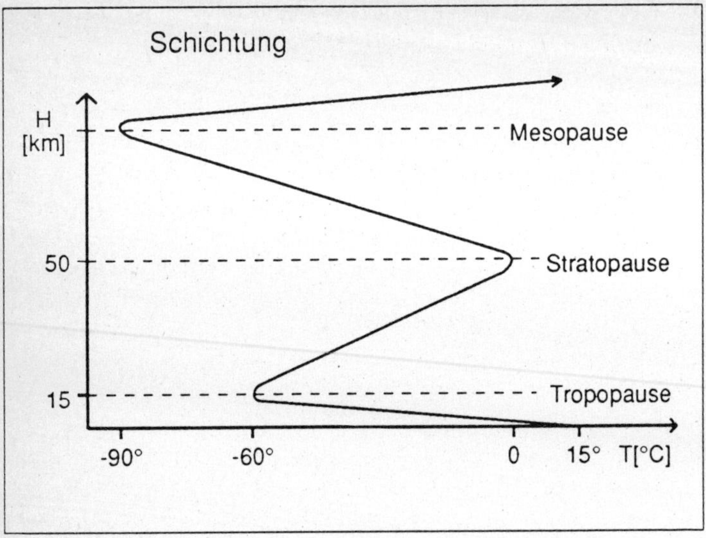

Abb. 6: Aufbau der Erdatmosphäre mit Temperaturverteilung sowie mit „Stockwerkeinteilung".

Solche Höhen werden z.T. schon bei einigen Inlandsflügen erreicht. Hierbei wirkt sich fatal aus, daß die Fluggesellschaften sogar ganz bewußt in immer größere Flughöhen vorstoßen. Mit zunehmender Höhe erreicht man nämlich eine nicht zu verachtende Treibstoffeinsparung – die immer dünner werdende Luft bewirkt diesen für die Fluggesellschaften erwünschten Effekt. Leider jedoch wird hier wieder einmal auf Kosten der Umwelt gewirtschaftet.

Besonders stark zu kritisierende Flugstrecken sind in diesem Zusammenhang die über das nördliche Polargebiet reichenden Flüge von Europa nach Nordamerika und Fernost – vor allem Japan. Insbesondere im Winter reichen diese Interkontinentalflüge bis weit in die zu diesem Zeitraum tiefliegende Stratosphäre hinein – und bauen dort Ozon ab.

Dies geschieht bei Flugzeugabgasen auf einem anderen Reaktionsweg als bei den Fluorchlorkohlenwasserstoffen (FCKW). Während dort vor allem das aus der Verbindung herausgelöste Chlor für die Ozonzerstörung verantwortlich ist, wirkt bei Flugzeugabgasen das ausgestoßene Stickoxid – bei der Verbrennung vor allem als Stickstoffmonoxid (NO) ausgestoßen – als

Ozonzerstörer. Dies geschieht auf folgendem chemischen Reaktionsweg:

$$\begin{array}{lll} & NO + O_3 & \rightarrow & NO_2 + O_2 \\ & NO_2 + O & \rightarrow & NO + O_2 \\ \hline \text{Nettobilanz:} & O + O_3 & \rightarrow & O_2 + O_2 \end{array}$$

Nachdem das aus den Düsen direkt emittierte NO und ein Ozonmolekül (O_3) zu Stickstoffdioxid (NO_2) und normalem Luftsauerstoff (O_2) reagiert haben, wird das Stickstoffdioxid mittels atomaren Sauerstoffs (O – entsteht in der Stratosphäre durch die starke Lichteinstrahlung) wieder zu dem Stickstoffmonoxid, das sein zerstörerisches Werk neu beginnen kann.

Wie zu erkennen ist, handelt es sich hierbei um eine zyklische Reaktion, die sich wie ein Kreislauf so lange wiederholt, bis das Stickstoffoxid, z.B. durch Feuchtigkeit aus der Stratosphäre herausgewaschen wird und zur Erde absinkt. Dies geschieht je nach Höhe der Schadstoff„injektion" im Durchschnitt erst nach 2 bis 3 Jahren. Zum Vergleich: in der unteren Troposphäre, also unserer Atemluft, hat ein Stickstoffoxidmolekül eine durchschnittliche Lebensdauer von einem bis zwei Tagen. Während sich in der unteren Stratosphäre also die Stickoxideinträge der letzten 500 bis 900 Tage befinden, ist in unserer Atemluft „nur" das Stickoxid der letzten 20 bis 40 Stunden – je nach Witterung. Würden sich in der Troposphäre die hier ausgestoßenen Stickoxide auch dermaßen lange halten, würde irdisches Leben nicht mehr von Dauer sein – die Konzentrationen wären schnell tödlich für die meisten Lebewesen.

Diese Gefahr ist in der Tropopause und Stratosphäre zwar nicht gegeben, aber dort kommt es andererseits zu ungeahnt hohen Schadstoffansammlungen. Hierdurch wird die gesamte Erdatmosphäre wahrscheinlich insgesamt sogar noch stärker mit Stickoxiden belastet, als durch die bodennahen Quellen. Hieran ist gut zu erkennen, wie stark sich die luftchemischen Verhältnisse in den verschiedenen Atmosphärenschichten unterscheiden können und welche große Rolle die Verweilzeit eines Schadstoffes in den unterschiedlichen Luftschichten spielt – nicht nur beim Stickoxid, wie wir noch sehen werden (die atmosphärische Verweilzeit eines Schadstoffes in der Atmosphäre ist definiert als diejenige Zeit, die vergeht, bis eine Substanz bis auf einen Rest von 37 Prozent, mathematisch den Faktor 1/e, aus der Luft herausgewaschen wird).

Außer von Flugzeugen wird Stickstoffmonoxid nur durch Raketen direkt in diese hochempfindliche Atmosphärenschicht eingetragen. Außerdem werden Mengen dieses Gases während Vulkanausbrüchen und Kernwaffenexplosionen durch den Auftrieb der hohen Temperaturen in die Stratosphäre geschleudert. Ebenso würde ein Großbrand vieler Ölquellen große Massen Stickoxide in die Stratosphäre tragen – in welchem Ausmaß dies im Golfkrieg geschehen ist, war bei Drucklegung des Buches noch nicht absehbar.

Wie groß die Menge des durch Flugzeugabgase zerstörten Ozons derzeit ist, ist aufgrund mangelnder Forschung nicht bekannt. Auch gibt es keinerlei Statistik darüber, wieviel Flugverkehr weltweit in Tropopause und Stratosphäre abgewickelt wird. Insbesondere für militärische Zwecke wird zuweilen in sehr hohe Luftregionen bis zu 20 km aufgestiegen, z.B. für „Aufklärungszwecke".

Bei einer Anhörung der Bundestags-Enquete-Kommission „Vorsorge zum Schutz der Erdatmosphäre" erlaubte die Lufthansa einen ersten Einblick, wieviel in und oberhalb der empfindlichen Tropopause geflogen wird. Im einzelnen gab man dort folgende Erkenntnisse einer Stichproben-Untersuchung für die eigenen Flüge bekannt: Allgemein wurde festgestellt, daß während des Sommers auf der Nordhalbkugel die Tropopause seltener und kürzer berührt wird als im Winter. Je südlicher ein Flug stattfindet, umso seltener und kürzer ist das Eindringen in die Tropopause.

Für Flüge in die Hauptzielgebiete der Lufthansa wurde folgendes angegeben: Bei Flügen innerhalb Mitteleuropas wird die Tropopause „in der Regel" nicht berührt. Bei Flügen nach Südeuropa gibt es im Sommer „selten" eine Tropopausen-Berührung, im Winter jedoch „häufiger". Anders sieht dies schon in Richtung Nordeuropa aus: Dort wird ganzjährig mit „hoher Wahrscheinlichkeit" in die Tropopause und auch darüber geflogen. Bei den Polrouten sowie den Flügen nach Nordamerika und nonstop nach Japan wird „immer" in diese hochempfindliche Atmosphärenschicht geflogen, wobei die Flugzeit hierin im Winter sogar „sehr hoch" ist und im Sommer „geringer“. Wenn man nach Asien, Afrika, Südamerika oder auf der Südroute nach Fernorst fliegt, dann ist die Berührung der Tropopausenschicht „selten“ und auch nur über Europa festzustellen. Anschlußflüge in Fernost sollen kein Eindringen in die Tropopause mit sich bringen.

Soweit die Angaben der Lufthansa für die verschiedenen Flugziele im Jahr 1988. In diesem Jahr fand nach Lufthansa-eigenen Schätzungen ein Anteil von sage und schreibe 17 bis 20 Prozent des gesamten eigenen Treibstoffverbrauchs im Bereich der Tropopause oder der Stratosphäre statt. Ein sicherlich enorm hoher Anteil! Ähnlich werden die Verhältnisse für viele andere europäische, nordamerikanische und japanische Fluggesellschaften sein. Es werden also demzufolge gewaltige Schadstoffmengen in diese Luftschicht ausgestoßen – und halten sich dort für Jahre.

Für vier Direktflüge errechnete die Lufthansa auch einmal präzise, wie groß der Mehrverbrauch an Treibstoff wäre, wenn man dieses Fliegen in der Tropopause vermeiden wollte. Im einzelnen wurde folgender Mehrverbrauch festgestellt: Für die Strecke Düsseldorf–Chicago + 6,0 %, Frankfurt–Stockholm + 6,7 % und Frankfurt–Anchoraage (Alaska) + 8,1 %. Dies hätte natürlich ebenso erhöhte Emissionen an Kohlendioxid zur Folge – was für das Klima der Erde auch schädlich ist. Inwieweit zukünftig aufgrund der zunehmenden Enge im Luftraum jedoch sogar in größere Höhen geflogen wird, ist derzeit nicht vorauszusehen. Allerdings muß so etwas befürchtet werden, zumal eine weitere Einsparung des Treibstoffes erzielt werden kann.

Die Gefahr ist nicht zu unterschätzen: Die Folgen des Ozonabbaus werden heute weltweit vor allem im Zusammenhang mit den FCKW erregt diskutiert und sind vielfältig. Die sehr harte und somit schädliche ultraviolette UV-B-Strahlung wird vermehrt auf die Erde treffen. Beim Menschen, der sich durch den Aufenthalt in Räumen immerhin noch in gewissem Maße vor dieser Strahlung schützen kann, führt eine Zunahme der UV-B-Strahlung z.B. zu Augen- und Hautschäden und einer Schwächung des Immunsystems.

Auch die Pflanzen werden durch die stärkere UV-B-Strahlung je nach Pflanzenart mehr oder weniger stark in ihrem Wachstum geschädigt. Ganz besonders groß ist die Gefährdung durch erhebliche Ernteeinbußen bei Kulturpflanzen. Eine ausreichende Ernährung der Weltbevölkerung erscheint immer schwieriger – allerdings auch bedingt durch andere umweltbedingte Streßfaktoren. Auch das Meeresleben, insbesondere die Mikroalgen und damit der Ausgangspunkt der Nahrungskette, ist durch die zunehmende ultraviolette Strahlung gefährdet. Ganze ökologische Gleichgewichte erscheinen den Wissenschaftlern gefährdet.

Es ist in diesem Zusammenhang auch notwendig zu wissen, daß die Abnahme der uns schützenden Ozonschicht nicht nur ein Phänomen in der Antarktis ist. Das alle Jahre wieder im dortigen Frühling (September/Oktober) auftretende Ozonloch von gigantischen Ausmaßen zieht bereits seine Kreise: Schon heute wird in Australien und Neuseeland bei besonders starker Ausdünnung der Ozonschicht immer wieder vor einem längeren Aufenthalt im Freien eindringlich gewarnt, es wird eine „Burn Time" genannt, die angibt, wie lange sich Menschen höchstens im Freien in der Sonne aufhalten sollten.

Eine Ozonausdünnung ist jedoch auch schon in unseren Breiten festzustellen. Von 1969 bis 1986 wurde in der Zone von 53° bis 64° nördliche Breite eine Reduzierung des Gesamtozongehaltes um 2,3 Prozent als Jahresmittel festgestellt. Besonders im Winter reicht die Ozonreduzierung auf über acht Prozent hinaus. Für die Breitengradzone von 40° bis 52° N ergibt sich eine durchschnittliche Reduzierung um drei Prozent.

Dies mag zunächst nicht sonderlich viel erscheinen. Allerdings wird heute davon ausgegangen, daß eine Abnahme des Gesamtozongehaltes der Atmosphäre um ein Prozent eine Zunahme der UV-Strahlung um 1,7 bis 2 Prozent (manche Forscher sagen auch 3 Prozent) bedeutet, diese also wesentlich stärker ansteigt, als das Ozon abnimmt.

Vor diesem Gesamthintergrund scheint es absurd, daß sich die Flugzeuge heutzutage in immer größere Flughöhen bewegen dürfen und so immer stärker in den Mechanismus der Ozonzerstörung eingreifen. Eine sehr kurzfristige Abhilfe wäre möglich: Durch internationale Festlegungen (z.B. der ICAO) kann quasi von heute auf morgen zumindest auf dem zivilen Sektor die Flughöhe auf eine Höhe begrenzt werden, die ausschließt, daß die Flüge in die Stratosphäre hineinreichen. In unseren Breiten wäre dies z.B. durch eine Flughöhe von acht Kilometern sichergestellt. Es wäre zudem anzustreben, zumindest im Winterhalbjahr Flüge über das Polargebiet ganz zu verbieten, also Umwege in Kauf zu nehmen.

Doch hier deutet sich schon ein echter Zielkonflikt an: Ein Zulassen von Umwegen und ein energieaufwendigeres Fliegen in niedrigeren Höhen bedeutet im direkten Umkehrschluß eine deutliche Zunahme des Energieverbrauchs und somit des Ausstoßes von Kohlendioxid. Also würde eine andere Klimagefährdung auf dem Fuße folgen – ein weiteres Anheizen des Treibhauseffektes.

Flugzeugabgase heizen unser Klima kräftig an

Gleich auf dreifache Weise heizen Emissionen aus Flugzeugen das Erdklima an. Der gefürchtete Treibhauseffekt, also die globale Erwärmung der Erdatmosphäre mit bisher nur sehr grob abschätzbaren Folgen, erfährt durch die Luftfahrt zum einen eine Steigerung durch das bei jeder Verbrennung von fossilen Brennstoffen entstehende Kohlendioxid. Ebenso wirkt das in den tieferen Luftschichten aus Stickoxiden und Kohlenwasserstoffverbindungen luftchemisch gebildete Ozon als Treibhausgas – ganz abgesehen davon ist es durch seine große Aggressivität für Mensch und Natur extrem giftig. Und, für viele kaum vorstellbar: Wasserdampf aus Flugzeugen sorgt für hohe Wolken, die den Treibhauseffekt sehr stark unterstützen.

Kondensstreifen als Klimagefahr

Seit geraumer Zeit weisen immer mehr Wissenschaftler auf diese Gefahren durch den von Flugzeugen in großen Höhen ausgestoßenen Wasserdampf hin. Dieser Wasserdampf – in Bodennähe völlig ungefährlich – hat in den normalen Flughöhen die Eigenschaft zu gefrieren, wobei je nach vorhandener Temperatur noch zusätzliche „Kondensationskeime" vonnöten sind, die von Flugzeugen in Form von ebenfalls ausgestoßenem Ruß und Aerosolen gleich mitgeliefert werden. Bei Temperaturen um -70° C sind diese Kondensationskeime jedoch nicht mehr nötig, hier reicht schon die tiefe Außentemperatur zur Kondensstreifenbildung.

Die uns allen bekannten Kondensstreifen – sie sind z.T. sogar auch schon auf Satellitenbildern zu erkennen – bestehen nämlich aus solchem gefrorenen Wasserdampf. Meteorologen zählen die Kondensstreifen zu den hohen Eiswolken („Cirruswolken"). Wenn wir von der Erde aus diese Kondensstreifen betrachten, so scheinen sie sich manchmal sehr schnell aufzulösen. Doch hier wird das menschliche Auge getäuscht. Denn, wie sich mittels Infrarotaufnahmen von Satelliten aus nachweisen läßt, ist es möglich, daß Kondensstreifen – für das menschliche Auge mittlerweile unsichtbar – einige Kilometer Breite erreichen können.

Besonders entlang der Flugschneisen wachsen diese Kondensstreifen zu einem regelrechten Wolkenteppich zusammen, der dann in der Wirkung dem Glasdach eines Treibhauses gleicht: sichtbares Licht wird auf die Erde durchgelassen, während die von der Erde abgestrahlte Wärmeenergie zurückgehalten wird. Dies führt, in Verbindung mit anderen Treibhausgasen, nach und nach zu einem Wärmestau in der Atmosphäre, so daß die Erde sich erwärmt. Wassermoleküle in der unteren Stratosphäre haben eine mindestens zehnmal größere Klimawirksamkeit als CO_2-Moleküle.

Wasserdampf wird von Flugzeugen in erheblichen Mengen ausgestoßen: die Verbrennung von einer Tonne Kerosin benötigt 3,4 Tonnen Sauerstoff. Hierbei entsteht eine Emission von 1,25 Tonnen Wasserdampf und zudem 3,15 Tonnen Kohlendioxid – von einigen weiteren Schadstoffen im Spurenbereich einmal abgesehen. Weltweit werden von Düsenflugzeugen in die untere Stratosphäre rund 30 Millionen Tonnen Wasserdampf abgegeben. Ebenso wie Kohlendioxid ist also die Entstehung von Wasserdampf bei jeder Verbrennung unvermeidlich.

Ganz besonders heikel werden jedoch die Wasserdampf-Emissionen bei den Wasserstoff-Antrieben, die sich bei einigen Flugzeugkonstrukteuren in der Entwicklung befinden. Dieser angeblich so umweltfreundliche Flugzeugantrieb stößt bei gleicher Leistung 2,5 mal mehr Wasser aus als konventionelle Antriebe und würde so die Gefährdung des Erdklimas noch einmal drastisch verschärfen.

Als besonders problematisch stellt sich bei den Emissionen durch hochfliegende Flugzeuge wieder heraus, daß die Schadstoffe eben in große Höhen gelangen, wo sie ungleich viel län-

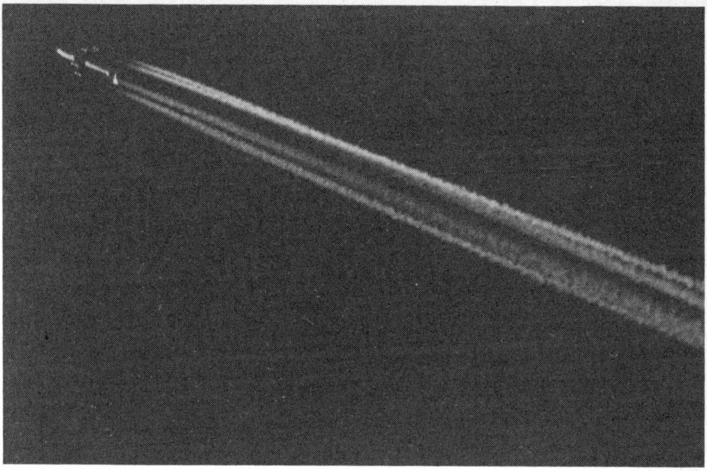

Foto: Argus

ger erhalten bleiben als in niedrigeren Höhen (in der Troposphäre). Hierdurch kommt es in diesen Luftschichten zu einer erheblichen Ansammlung der Schadstoffe – auch des Wasserdampfes.

Als die Hauptvoraussetzung dafür, daß aus dem Wasserdampf Kondensstreifen, also die Cirrus-Wolken entstehen, ist eine niedrige Temperatur von rund -50° C oder weniger. Laut Aussage von Prof. Hartmut Graßl vom Hamburger Max-Planck-Institut für Meteorologie wird der Wasserhaushalt der Atmosphäre bei Temperaturen unter minus 60° C durch einen modernen Großraumjet „empfindlich gestört". In unseren Breiten ist dies, mit jahreszeitlichen Schwankungen, in Höhen um 10 km der Fall. Hieraus folgt im Umkehrschluß, daß man zur Vermeidung des Entstehens von Eiswolken eine einfache Sofortmaßnahme hat: Es muß „nur" weltweit der Flugverkehr in solchen Höhen untersagt werden, in denen die Temperatur geringer als -50° C ist.

Leider jedoch ist eine solche verbindliche Anordnung derzeit aus politischen Gründen nicht absehbar. Daher fängt man erst einmal damit an auszurechnen, wie groß der Erwärmungseffekt allein durch die Wasserdampfemissionen aus Flugzeugen sein möge. Mit einer ersten Abschätzung tat sich ein Mitarbeiter der NASA hervor: Einer Modellrechnung zufolge würde eine weltweite Zunahme der Cirrus-Bewölkung um lediglich zwei Prozent die Erdoberfläche um knapp ein Grad erhöhen. Nach der gleichen Modellrechnung würde eine Verdoppelung des Kohlendioxid-Gehaltes der Luft eine Temperaturzunahme um 2,8 Grad zur Folge haben. Aus diesem Vergleich – sofern die Berechnungen stimmen – ist ersichtlich, welch enorme Wirkung die zusätzliche Cirrus-Bewölkung möglicherweise haben kann. Schon vermeintlich kleine Änderungen ziehen enorme Folgen nach sich.

Auch im Hamburger Max-Planck-Institut für Meteorologie wagte man „eine erste Hochrechnung" der Folgen der Wasserdampfemissionen von Flugzeugen: Bei einer Bedeckung des Himmels um 1,4 Prozent durch die zusätzlichen, hochliegenden Cirrus-Wolken bewegt sich der zusätzliche Treibhauseffekt bei zehn Prozent des Wertes, der derzeit durch das Kohlendioxid verursacht wird.

Wie groß der derzeitige durch Flugzeuge verursachte, zusätzliche Bewölkungsgrad der Eiswolken ist, vermag niemand zu sagen. An den zahlreichen Meßstationen des Deutschen Wetterdienstes wird seit vielen Jahren standardisiert die tägliche Bewölkung des Himmels registriert. Festgestellt wird die Bewölkung in Achtel der Himmelsfläche. Unterzieht man diese Beobachtungen einer langfristigen Trenduntersuchung, dann wird man zumeist darauf stoßen, daß die Durchschnittswerte für den Bewölkungsgrad seit einigen Jahren zunehmen. Ebenso lassen sich abnehmende Trends der Sonnenscheindauer nachweisen. Diese meteorologischen Beobachtungen nun jedoch allein auf den zunehmenden Flugverkehr zurückzuführen, wäre eine allzu gewagte These (es kämen zahllose andere Ursachen in Frage, beispielsweise auch schon die Zunahme des Treibhauseffektes, wodurch die Verdunstung von Wasser steigt), allerdings ist dies ein Indiz, das hierauf hinweisen kann.

Auch bei speziellen Beobachtungen vom Boden aus konnte bei bestimmten Wetterlagen schon ein allein durch Kondensstreifen verursachter Bewölkungsgrad zwischen ein und drei Achtel nachgewiesen werden. Wie groß dieser Bedeckungsgrad jedoch weltweit ist, ist derzeit völlig unmöglich abzuschätzen.

Allerdings laufen hierzu erste Forschungen der Deutschen Forschungsanstalt für Luft- und Raumfahrt (DLR, ehemals DFVLR). Bei speziellen Satellitenuntersuchungen konnte zum

Beispiel schon zwischen Frankfurt und Venedig nachgewiesen werden, daß Kondensstreifen mehrere Prozent der Erdoberfläche bedecken.

Interessant mag in diesem Zusammenhang auch die Beobachtung von einem der ersten Astronauten der Bundesrepublik, Prof. Ernst Messerschmidt sein, die er in einem Interview der Zeitschrift „Bild der Wissenschaft" kundtat. Dort sagte er: „Was man deutlich sieht, sind auch die Kondensstreifen von Flugzeugen. Am ersten Tag meines Spacelab-Fluges flogen wir gegen Dämmerung in Richtung Moskau, unter den Wolken war das Land nicht zu sehen. In der Wolkendecke wölbte sich plötzlich wie ein sternförmig gestreifter Schleier in der Mitte ein Trichter nach unten. Mein amerikanischer Kollege sagte: 'Dort unter dem Trichter ist der Flughafen von Moskau.' Hier tauchen alle Flugzeuge nach unten oder starten – aber niemand fliegt darüber weg –, so entsteht der Trichter." Es mag ein Indiz für das bereits massiv auftretende Phänomen der Kondensstreifen sein, daß sich nach der Beobachtung von Prof. Messerschmidt bereits regelrechte Strukturen entwickeln können. Sicherlich ist aus dieser Aussage keine quantitative Schlußfolgerung zu ziehen – interessant ist sie allemal.

Auch wenn oftmals von vielen, vor allem Politikern, dazu geneigt wird, geringe Prozentzahlen (z.B. unter fünf Prozent) als vernachlässigbar anzusehen, so zeigt sich insgesamt doch eine bisher im allgemeinen kaum bekannte, jedoch eklatante Klimagefahr, die auch schon im einstelligen Prozentbereich möglicherweise sehr drastische Folgen nach sich zieht: Ausdehnung von Wüsten, Ansteigen der Meeresspiegel, Wetter-(„Natur"-) Katastrophen wie Dürren, Flut- und Sturmkatastrophen.

Auch wenn das wissenschaftlich erworbene Wissen zu diesem Problemkreis derzeit noch lückenhaft (eher: bruchstückhaft) ist, so zeichnet sich doch ein erheblicher Handlungsdruck ab.

Klimabedrohung bedeutet steigenden Handlungsdruck

Die Klimabedrohung durch Flugzeuge wird durch die weiteren Emissionen eher noch verschärft. Neben Wasserdampf spielen hierbei die Kohlendioxid-Emissionen eine wichtige Rolle.

Hierbei fällt natürlich auf, daß Fliegen eine besonders energieaufwendige und somit auch besonders stark CO_2-emittierende Fortbewegungsart ist. Ein Vergleich bietet hier näheren Aufschluß.

Zwei Untersuchungsvorhaben sollen uns hierzu Daten liefern, denn beide unterscheiden sich z.T. erheblich. Sowohl das Umweltbundesamt (UBA), als auch das Institut für Energie- und Umweltforschung (IFEU) geben für die unterschiedlichen Emissionsfaktoren der Hauptverkehrsträger für einen Personenkilometer folgende Zahlen an (also diejenige Menge Kohlendioxid, die im Durchschnitt für den Transport einer Person um einen Kilometer ausgestoßen werden muß, Zahlenbasis UBA 1986, IFEU 1987):

	UBA	IFEU
Bus im Fernverkehr (Reisebus)	20 g/Pkm	29 g/Pkm
Eisenbahn im Fernverkehr	45 g/Pkm	57 g/Pkm
Straßen-, Stadt-, U-Bahnen	?	61 g/Pkm
Bus i. Nahverkehr (Linienverk.)	65 g/Pkm	63 g/Pkm
motorisiertes Zweirad	100 g/Pkm	100 g/Pkm
Eisenbahn im Nahverkehr (mit S-Bahn)	105 g/Pkm	110 g/Pkm
PKW m. Dieselmot. (Nah u. Fern)	150 g/Pkm	180 g/Pkm
PKW mit Otto-Motor (Nah und Fern)	180 g/Pkm	
Flugzeug im Inlandsverkehr	465 g/Pkm	290 g/Pkm
Flugzeug grenzüberschreitender Verk.		150 g/Pkm

(g/Pkm = Gramm Kohlendioxid pro Personenkilometer)

Das Flugzeug erzeugt also Kohlendioxid-Emissionen, die zumeist um ein Vielfaches höher liegen als diejenigen aller anderen Transportmittel. Auffallend ist der deutliche Unterschied der beiden Berechnungen vom UBA und dem IFEU speziell beim Flugzeug. Gründe für diese deutliche Diskrepanz können an dieser Stelle jedoch nicht näher untersucht werden, daher ist auch keine Angabe darüber möglich, welche Zahlen „richtiger" sind (mag es vielleicht daran liegen, daß die Ergebnisse vom IFEU wesentlich auf Angaben der Lufthansa beruhen?).

Die Klimarelevanz der einzelnen Verkehrsträger (allein hervorgerufen durch CO_2) ist unmittelbar analog zu den einzelnen Emissionsfaktoren – das Flugzeug schneidet mit katastrophalem Rückstand am schlechtesten ab. Eher noch schlimmer schneidet der Flugverkehr beim Gütertransport - ein derzeit noch erheblich stärker als der Personenverkehr boomendes Geschäft - ab.

Hierzu liefert zwar das Umweltbundesamt bisher leider keine Zahlen, jedoch das IFEU berechnete in Zusammenarbeit mit dem TÜV Rheinland die folgenden Daten (Angabe der Menge Kohlendioxid pro transportiertem Tonnenkilometer, Zahlenbasis 1987):

Verkehrsmittel	Emission
Eisenbahn	41 g/tkm
Binnenschiffe	42 g/tkm
Lkw	207 g/tkm
Rohrfernleitung (Pipelines)	10 g/tkm
Flugzeug	1.160 g/tkm

Ähnlich der Verhältnisse beim spezifischen Energieeinsatz ist hier das Flugzeug das mit Abstand klimaschädlichste Gütertransport-Verkehrsmittel. Eisenbahn und Binnenschiffahrt liegen nahezu gleichauf um rund das 30fache besser, als der Luftverkehr, Pipelines um fast das 120fache. Dies zeigt deutlich die fatalen Folgen des zunehmenden Gütertransportes durch Flugzeuge.

Allein vom Standpunkt des Ausstoßes von Kohlendioxid her betrachtet, ist das Flugzeug schon das mit Abstand umweltfeindlichste aller Verkehrsmittel. Allein in der Bundesrepublik werden von allen Flugzeugen zusammen rund 30 Millionen Tonnen CO_2 ausgestoßen. Weltweit wird der Anteil des Flugzeugs an den gesamten CO_2-Emissionen auf ein bis zwei Prozent geschätzt - eine sicherlich schon für sich genommen nicht mehr zu vernachlässigende Menge. Wenn dann noch bedacht wird, daß die größte Klimagefahr des Flugzeuges in der Bildung von Kondensstreifen beim Fliegen in großen Höhen zu suchen ist, dann ist Flugverkehr in der bisher durchgeführten Form kaum noch zu rechtfertigen.

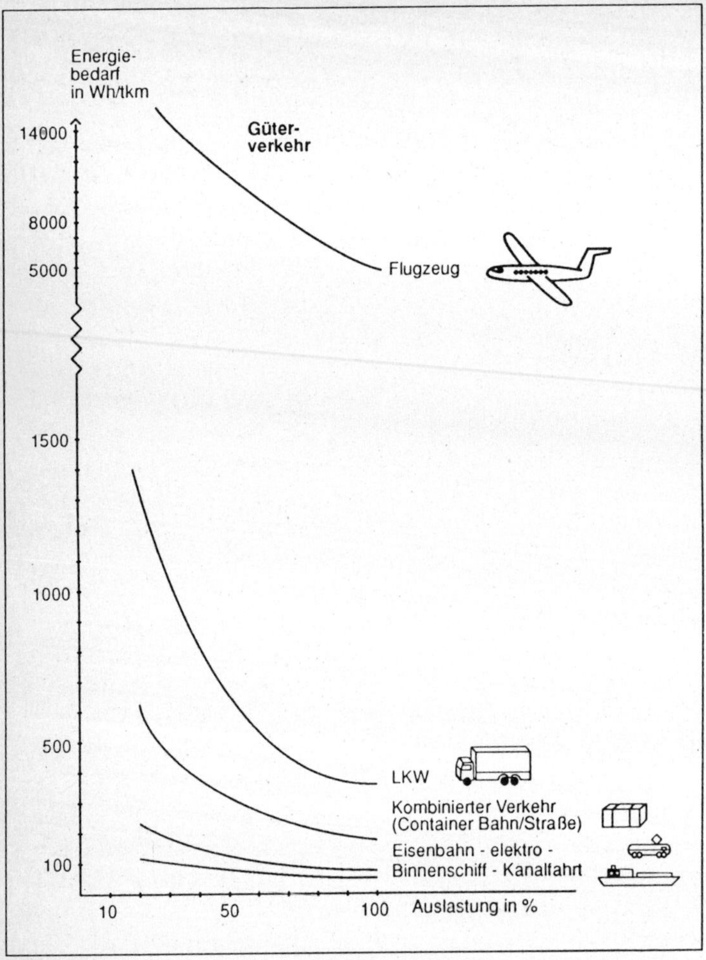

Abb. 7: Grafische Darstellung der Abhängigkeit des Energiebedarfs von der Auslastung der Verkehrsmittel im Güterverkehr. Allgemein gilt, nicht nur im Güterverkehr: je höher die Auslastung, umso günstiger liegt der relative Energiebedarf für die jeweilige Transporteinheit. Aus der Grafik ist zu entnehmen, daß der Flugverkehr je nach Auslastung um das 50- bis 100fache mehr an Energie verbraucht und somit Kohlendioxid ausstößt, als Eisenbahn und vor allem Binnenschiffe (Quelle: Bund, Wh/tkm = Wattstunden pro Tonnenkilometer).

Ozonbildung durch Flugzeugabgase am falschen Ort

Einige Seiten zuvor wurde erläutert, wie es kommen kann, daß Flugzeugabgase Ozon in der lebensnotwendigen Ozonschicht abbaut. Nun gibt es allerdings auch den umgekehrten Effekt: Sobald Flugzeuge nicht in der ozonhaltigen Stratosphäre fliegen, sondern darunter, wird aus den Flugzeugabgasen in der Bilanz nicht Ozon ab- sondern aufgebaut. Dies geschieht über einen sehr komplizierten chemischen Vorgang, an dem neben natürlichen Luftbestandteilen die aus Flugzeugen (und auch anderen Quellen) ausgestoßenen Stickoxide, Kohlenwasserstoffverbindungen und Kohlenmonoxid nötig sind. Diese Produktion von Ozon ist jedoch in den unteren Luftschichten, also in der Troposphäre, absolut unerwünscht. Zwar kann hier die durch FCKW und höherfliegende Flugzeuge verursachte Ozonausdünnung teilweise kompensiert werden, allerdings überwiegen auch hier deutlich die negativen Folgen.

So wird nämlich durch das neugebildete Ozon der Treibhauseffekt weiter verstärkt. Und gerade in Höhen um die Tropopause, also der Grenzschicht zwischen Troposphäre und Stratosphäre, ist dieses Ozon ganz besonders klimawirksam und hat in dieser Höhe eine bis zu 2.000-mal stärkere Treibhauswirkung, als ein Kohlendioxid-Molekül. Übertroffen wird die Klimawirksamkeit des in dieser Atmosphärenschicht angelagerten Ozons nur noch durch die FCKW, die je nach molekularem Aufbau zwischen 10.000- und 17.000mal so effektiv das Erdklima anheizen wie das Kohlendioxid.

Zudem verschieben sich durch die Bildung zusätzlichen Ozons in der Atmosphärengrenzschicht um die Tropopause die seit Jahrmillionen eingespielten Temperaturzonen – ein großes, weltweites Experiment mit der Atmosphäre ist im vollen Gange, denn welche Folgen diese Temperaturverschiebung hat, ist derzeit nicht bekannt. Es gibt jedoch Vermutungen, daß die Temperaturen in der Stratosphäre absinken werden, wodurch z.B. die Bildung von Cirrus-Wolken weiter begünstigt würde, was dann wieder für ein weiteres Anheizen sorgt...

Die vom Menschen verursachte Bildung von Ozon in der Troposphäre wird derzeit für acht Prozent des zusätzlichen Treibhauseffektes verantwortlich gemacht – Flugzeuge beteiligen sich hieran auch über abgelegenen Regionen, die von Autoverkehr und Industrie bisher weitgehend verschont blieben (z.B. in den Polregionen). Die Bildung des zusätzlichen Ozons in der Troposphäre – die Sommersmogperioden der vergangenen Jahre machten uns dies in krasser Weise bewußt – ist ein gänzlich unerwünschter Effekt. Ozon in der Atemluft ist ein extrem reaktives und somit für alles Leben giftiges Gas, zudem kann das Ozon in Bodennähe das in der Stratosphäre fehlende nicht aufwiegen.

Höllenlärm vom Himmel

Unter den Umweltfolgen des Flugverkehrs ist die eminente Lärmbelästigung in der Umgebung von Flughäfen und -plätzen sowie durch Tiefflieger bisher am stärksten in das öffentliche Bewußtsein gerückt. Während in den Ballungszentren viele hunderttausend Einwohner unter dem Lärm durch die zahlreichen Starts und Landungen zu leiden haben, so sind dies insbesondere in den ländlichen Tiefflugzonen Zehntausende, die mit einer besonders fürchterlichen Form der Gesundheitsgefährdung zu tun haben.

Da zu diesem Themenbereich, im Gegensatz zu vielen anderen Umweltgefährdungen durch den Luftverkehr, schon zahlreiche ausführliche Bücher und Veröffentlichungen erschienen sind, wird hierauf an dieser Stelle nicht mit der Ausführlichkeit der anderen Themenbereiche eingegangen. Die interessierten Leserinnen und Leser finden einige Buchtitel zu diesem Problem im Literaturverzeichnis im Anhang. Trotzdem wird hier der Vollständigkeit halber ein Überblick gegeben.

Empirischen Untersuchungen des Umweltbundesamtes zufolge steht die Lärmbelästigung durch Fluglärm heute nach dem Straßenlärm an zweiter Stelle der „Lärmbelästigungsskala“. Mit sehr weitem Abstand vor dem Nachbarschafts-, Industrie-, Schienenverkehrs- und Sportplatzlärm fühlten sich durch den Luftverkehr 1986 in dem Gebiet der bisherigen Bundesrepublik rund 10 Millionen Menschen „stark belästigt“ und zusätzlich rund 18 Millionen Personen „belästigt“. Insgesamt werden also rund 28 Millionen Menschen, also fast die Hälfte der gesamten Bevölkerung, durch den Flugverkehr in ihrem Wohlbefinden gestört – wenn nicht gar gesundheitlich geschädigt.

Wie schon zuvor festgestellt, hat vor allem der zivile Luftverkehr in den letzten Jahren dramatisch zugenommen. Äquivalent zu dem Ansteigen der Zahl von Starts und Landungen nimmt im Umfeld der Flughäfen die Anzahl der Lärmereignisse zu. Allerdings muß auch hier eingestanden werden, daß die Flugzeugkonstrukteure nicht tatenlos gewesen sind und den Lärm an der

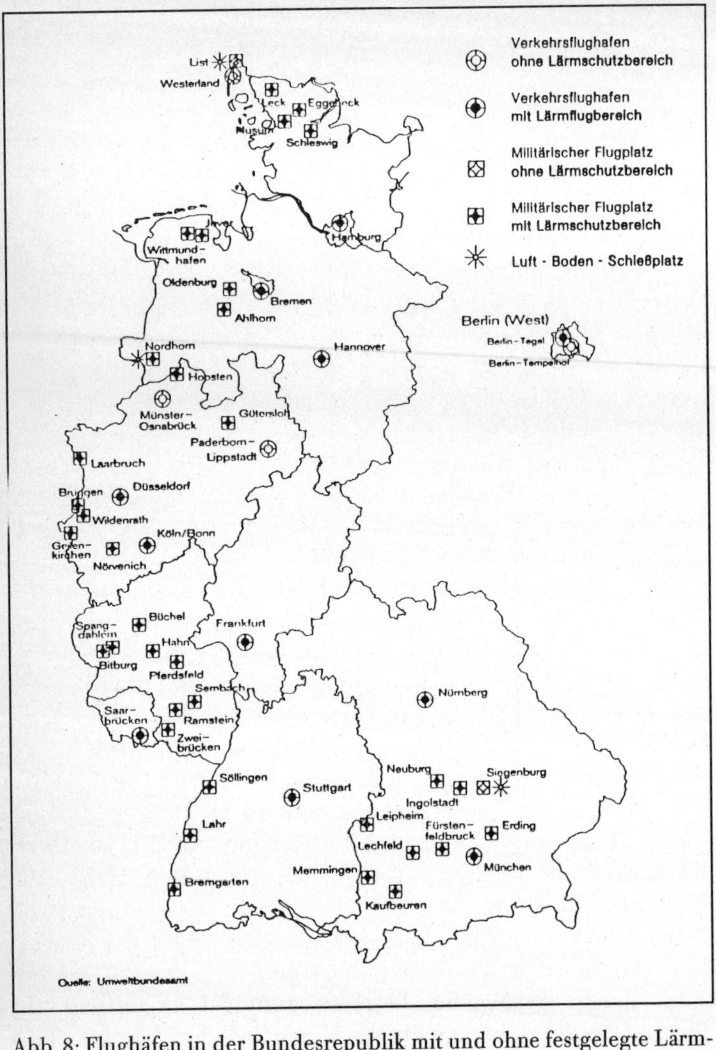

Abb. 8: Flughäfen in der Bundesrepublik mit und ohne festgelegte Lärmschutzbereiche, welche nach einer Rechtsverordnung zum Fluglärmgesetz bei bestimmten Belastungen der Bevölkerung vorgeschrieben sind. Derzeit sind für 10 Verkehrsflughäfen sowie 35 Militärflugplätze Lärmschutzbereiche festgesetzt (Quelle: Umweltbundesamt). Seit 1980 nimmt jedoch die von Lärmschutzbereichen nach dem Fluglärmschutzgesetz erfaßte Fläche stetig von seinerzeit rund 2550 Quadratkilometer auf jetzt rund 1900 qkm ab. Dem Umweltbundesamt zufolge ist dies „auf die Verringerung der Lärmbelastung an den Flugplätzen zurückzuführen“.

Quelle, also an den Flugzeugtriebwerken, durch Neuentwicklungen im Laufe der letzten Jahrzehnte immer weiter reduziert haben. Die schrittweise Einführung der lärmärmeren Jets, gefördert durch geringere Start- und Landegebühren an mehreren Flughäfen, hat bisher jedoch noch keine spürbare Entlastung für die Anwohner der Flughäfen bedeutet. Gerade bei den gewaltigen Zuwachsraten könnte die Frage lauten, was den Anwohnern denn nun lieber ist: viele sehr laute oder sehr viele laute Lärmereignisse durch Flieger – um es auf einen einfachen Nenner zu bringen.

In der Tat ist es nicht einfach, darüber zu diskutieren, was für die Flughafenanwohner „angenehmer" ist: drei sehr laute Lärmereignisse in zehn Minuten (wie es unter imaginär angenommenen Umständen heute der Fall sein kann) oder sechs „nicht ganz so laute" Lärmereignisse in der gleichen Zeitspanne (wie es nach der angenommenen Verdoppelung des Luftverkehrsaufkommens in zehn Jahren wäre). Denn: „auch die 87 Dezibel eines 'Flüsterjets' gehören nicht gerade zu den Sachen, die man gehört haben muß", wie es die Hamburger Ausgabe der „tageszeitung" einmal treffend auf den Punkt brachte.

So gesehen erweisen sich die von der Deutschen Bundesregierung im Vierten Immissionsschutzbericht an den Bundestag getroffenen Aussagen als zumindest fraglich: „Die von der Bundesregierung bisher getroffenen Maßnahmen zur Minderung des Fluglärms haben eine spürbare Entlastung für die Betroffenen gebracht. Trotz der leicht gestiegenen Flugbewegungszahlen an den Verkehrsflughäfen konnte durch den vermehrten Einsatz leiserer Flugzeuge, wie zum Beispiel Airbus A 300, Airbus A 310, Boeing 757, Boeing 737-300, Lockheed L-1011, McDonell Douglas MD-80, die Lärmbelastung für die Flughafenanwohner deutlich reduziert werden."

Die „leicht" gestiegenen Flugbewegungszahlen auf den großen bundesdeutschen Flughäfen liegen im Zehnjahresvergleich im Schnitt bei 50 Prozent. Die Lärmbelastung für die Flughafenanwohner soll „deutlich reduziert" worden sein? Eine solche Aussage ringt diesen Betroffenen je nach Temperament entweder ein müdes oder haßerfülltes Lächeln ab.

Lassen wir einmal Zahlen sprechen. An den Flughäfen werden von den Flughafengesellschaften Lärmmeßstellen betrieben. Am Flughafen Hamburg, einem mitten im Stadtgebiet liegenden

Flughafen mittlerer Größe, sollen die Verhältnisse einmal näher untersucht werden. Es sind dort derzeit 12 solcher Lärmmeßstellen in Betrieb (am Flughafen Frankfurt sind dies derzeit 23 Meßstellen), die Ergebnisse hiervon werden jährlich im öffentlich zugänglichen Fluglärmschutzbericht von der Hamburger Umweltbehörde veröffentlicht.

Den reinen Zahlen dieser Meßstellen zufolge bewegten sich im Jahre 1989 die Jahresdauerlärmwerte (also die durchschnittlichen Werte) zwischen 52,6 und 72,4 Dezibel (dB [A]). Im Jahre 1985 bewegte sich diese Spanne zwischen 49,4 und ebenfalls 72,4 dB (A). Von den 10 während dieses gesamten Zeitraumes betriebenen Stationen wurde 1989 an acht Stationen ein höherer Lärmpegel festgestellt als 1985, an einer Stelle das gleiche Ergebnis und an nur einer Meßstation wurde tatsächlich eine Lärmreduktion erzielt. Die Aussage der Bundesregierung erweist sich hier tatsächlich als absurd.

Bei diesen Zahlenangaben handelt es sich um Mittelwerte; die einzelnen Lärmereignisse aus den Starts und Landungen liegen selbstverständlich weit höher – Aussagen hierüber fehlen im Fluglärmbericht von Hamburg völlig. Die Mittelwerte kann man jedoch interpretieren, wenn man weiß, daß die Obergrenze für konzentrierte geistige Arbeit bei 50 dB (A) angesetzt wird – solche Arbeit ist im näheren Umfeld von Flughäfen also nahezu dauerhaft unmöglich. Bei rund 70 dB (A) wird ein störender Einfluß des Lärms auf das Nervensystem nachweisbar. Dies ist im Laufe der vergangenen Jahre an drei Meßstellen in Hamburg ständig der Fall.

Aussagen dieser Art sind jedoch nur zum Teil richtig – und Mittel- bzw. Durchschnittswerte sagen hierzu tatsächlich nur äußerst wenig aus. Die Wirkung von Lärm ist abhängig von verschiedenen Faktoren, zum Beispiel von der Intensität, also der Lautstärke des Lärmereignisses, von der Steilheit des Pegelanstiegs (zum Beispiel schlagartig ansteigender und abfallender Tieffluglärm), von der Tonhöhe (das Ohr ist bei verschiedenen Frequenzen unterschiedlich empfindlich) sowie von der Dauer.

Extrem sind diese Verhältnisse beim Tieffluglärm. Auch wenn die sich ändernden politischen Verhältnisse zeitweilig die Hoffnung erweckten, es möge sich eine weitreichende militärische Entspannung ausweiten: Es wird noch weiter tief geflogen. Ein Ende ist nicht absehbar. Gerade auch der grausame Krieg am Persischen Golf mit Tausenden von brutalsten Flugzeugeinsätzen täglich bestärkte die Luftstreitkräfte in aller Welt in ihrer Ansicht, unentbehrlich zu sein.

Diese militärischen Tiefflug-Übungen werden bei uns mangels Platz über bewohntem Gebiet durchgeführt. Die dort wohnende Bevölkerung hat einen alltäglichen Krieg dafür auszuhalten, daß „Sicherheit produziert" wird, wie ein Werbeslogan der Bundeswehr einst sagte.

Die Bewohner der momentan sieben Tiefstflugzonen (bis minimal 75 m Höhe) haben jedoch nur eine Sicherheit: der nächste Tiefflieger kommt gewiß. Und mit ihm Lärm in gesundheitsschädigendem Ausmaß. In einigen Tiefflugzonen sind sogar bis Mitternacht solche Flüge erlaubt! Denn auch wenn es von unseren verantwortlichen Spitzenpolitikern noch immer zäh abgestritten wird: Es besteht nirgendwo mehr ein Zweifel darüber, daß erhebliche Gesundheitsschäden speziell auf Tieffluglärm zurückzuführen sind. Zahlreiche Erkenntnisse hierüber liegen auch der Bundesregierung sowie den militanten Vertretern einer Verteidigungsstrategie vor.

Neben zahlreichen Ergebnissen aus Tierversuchen gibt es auch Erkenntnisse aus empirischen Untersuchungen an der Bevölkerung von Tiefst- und Tieffluggebieten. Insbesondere Kinder wurden untersucht und befragt. Es wurden Abweichungen in der Herzfrequenz ebenso beobachtet wie Unterschiede beim Blutdruck und in der Körperkonstitution. Selbst diese Kinder weisen schon ernsthafte Schlafstörungen auf. Unmittelbar nach dem Überflug eines Tiefflugjets werden Schreckreaktionen und ein anhaltendes Ohrenpfeifen festgestellt, das Hörvermögen von Kindern aus Tiefflugzonen ist im Vergleich zu Kindern aus anderen Regionen geringer. Bei vielen Symptomen gilt, daß Mädchen sensiblere und heftigere Reaktionen zeigen als Jungen.

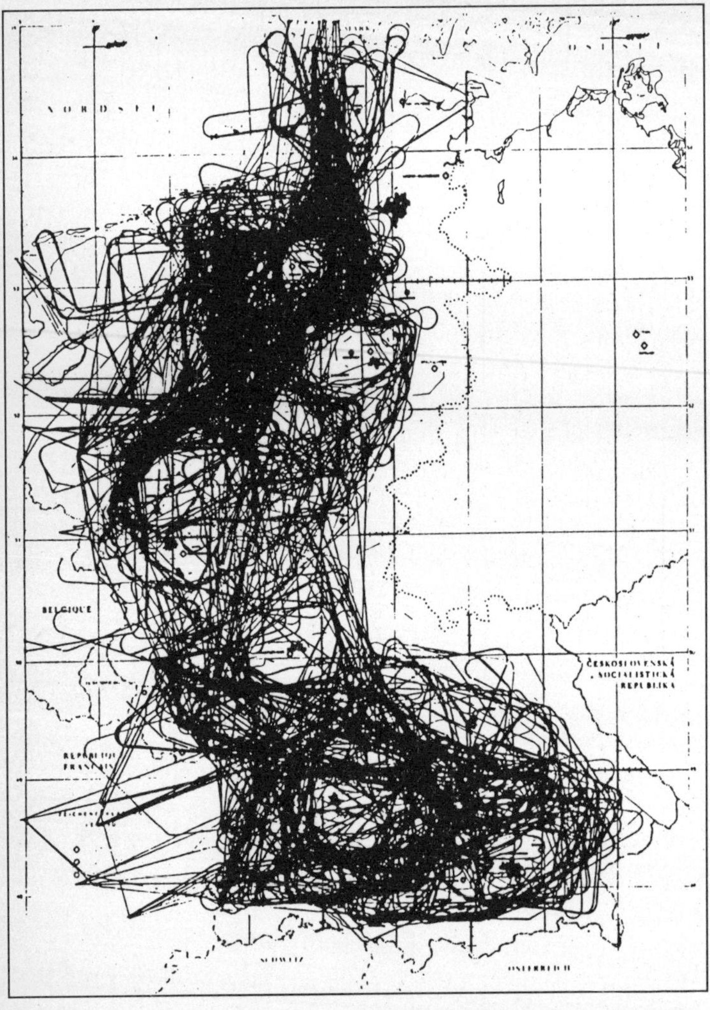

Abb. 9: Typische Verteilung eines Tagestiefflugaufkommens über der Bundesrepublik. Ein eng gelegtes „Strickmuster“ der Gefahr (Quelle: Bundesministerium der Verteidigung).

Selbstverständlich sind nicht nur Kinder durch den Tiefflug beeinträchtigt. Auch bei Erwachsenen zeigen sich körperliche und seelische Reaktionen. So liegt die Frühgeburtenrate in Tieffluggebieten deutlich höher als anderswo, was nicht nur in Tierversuchen eindeutig nachgewiesen worden ist, sondern nach epidemiologischen Untersuchungen auch bei Frauen auftritt. Insbesondere Bluthochdruckerkrankungen bzw. Kreislauferkrankungen treten in Fluglärm-belasteten Gebieten deutlich häufiger auf, Streßsymptome vermehren sich. Als umstritten gilt noch, ob durch Fluglärm psychiatrische Schäden häufiger auftreten.

Insgesamt wird jedoch deutlich, daß der von Flugzeugen verursachte Lärm für die Betroffenen dramatische Folgen haben kann. Besonders der Tieffluglärm kann die Gesundheit stark gefährden. Besonders stark betroffen sind wieder einmal Menschen, die sich selbst nicht zur Wehr setzen können: Schwerkranke, alte Menschen, Babys und Kleinkinder.

Möglichkeiten zur Reduzierung des Fluglärms

Wie jedoch kann man dem Flugzeuglärm beikommen? Hierzu gibt es einige Möglichkeiten, die an dieser Stelle kurz vorgestellt werden sollen. Folgende grundlegenden Möglichkeiten bieten sich:
a) technische Maßnahmen zur Reduzierung der Lärmemission am Flugzeug
b) technische Maßnahmen zur Reduzierung der Lärmimmission bei den Betroffenen
c) dirigistische Maßnahmen zur Reduzierung bzw. zur Änderung des Flugaufkommens.

Technische Maßnahmen zur Reduzierung der Lärmemission am Flugzeug:

Aus der Sicht der Fluglärmbekämpfung ist die Konstruktion leiserer Flugzeuge durchaus eine wirksame technische Maßnahme. Hierzu sind derzeit international gültige Vorschriften in Kraft, in denen Lärmobergrenzwerte für Flugzeuge angegeben sind, die eine internationale Musterzulassung erreichen wollen. Diese Grenzwerte sind festgehalten im Anhang 16 des Abkommens der Internationalen Zivil-Luftfahrtorganisation ICAO über die Internationale Zivilluftfahrt – daher die gängige Bezeichnung „Annex 16-Flugzeuge“ für Flugzeuge, die diese noch in „laute“ (Kapitel 2 der Abkommens) und „relativ leise“ (Kapitel 3) unterscheidende Vorschrift einhalten. Diese Vorschrift, in dieser Form bereits seit 1976 gültig, wurde im Jahre 1989, um beim Beispiel des Hamburger Flughafens zu bleiben, von immerhin 188 Flugzeugen nicht erfüllt. Es gibt in Hamburg also jeden zweiten Tag den Start und die Landung eines Flugzeugs, das von der Fachwelt „überlaut“ genannt wird. Hierbei handelt es sich vor allem um Flugzeuge des Typs Boeing B 707, Boeing B 727 und McDonnel Douglas DC 8. Von den „lauten“ Flugzeugen, die Annex 16, Kap. 2 des Abkommens erfüllen, trafen immerhin noch 26.686 ein. Dreizehn Jahre nach Inkraftsetzung des ICAO-Abkommens waren es erst 13.950 Flugzeuge, die das schärfere Kapitel 3 des Annex 16 einhalten – also lediglich 38 Prozent aller ankommenden Düsenflugzeuge sind als „relativ“ leise zu bezeichnen.

Hierzu ist jedoch wichtig zu wissen, daß die im ICAO-Abkommen festgelegten Lärmpegel-Grenzwerte keineswegs starr sind. Vielmehr ist es so, daß diese in Abhängigkeit zu dem höchstzulässigen Startgewicht des zuzulassenden Flugzeuges festgestellt werden. Um eine Zulassung nach dem ICAO-Annex-16, Kapitel 3-Abkommen zu erhalten, muß ein Düsenjet drei verschiedene Grenzwerte an drei Lärmmeßpunkten einhalten:

- beim Startüberflug,
- beim Landeanflug sowie
- bei einer seitlich installierten Lärmmeßstelle.

Um an einem Extrembeispiel die Grenzwerte sowie die erzielten Ergebnisse darzustellen, werden hier die Ergebnisse der Flugzeuge vom Typ Boeing B 747-200 (maximale Startmasse: 372 t) angegeben:

	Grenzwert (dB)	gemessener Wert (dB)
Startüberflug	105,8	101,1
Landeanflug	106,0	105,6
seitliche Messung	102,7	101,6

Von Seiten der Boeing würde man nun sicherlich stolz verkünden, alle Grenzwerte einzuhalten und daher umweltfreundlich zu sein. Und tatsächlich: an die Werte für den militärischen Tiefflug kommt man nicht ganz heran (dort ist die Gefährdung für Gehör, Kreislauf und Psyche schon allein wegen der impulsartig auftretenden Belastung von ganz anderer Art). Trotzdem verursacht ein solcher Jumbo einen ganz erheblichen Lärm, der je nach Standort und Abstand deutlich im Bereich der Gehörgefährdung liegt.

Sicherlich ist ein einzelnes modernes Flugzeug nicht mehr so laut, wie es früher war. Aus dem Umstand, daß Flugzeuge früher noch lauter waren, läßt sich jedoch nicht im Umkehrschluß folgern, daß die Verhältnisse heute „gut" wären. Nach den Vorschriften von ICAO-Annex 16, Kap. 3 müssen einige Klein-Jets, die nur ein geringes Startgewicht haben, zum Teil weniger als 90 dB Lärm verursachen. Dies macht größere Jets für die Flugzeugkonstrukteure unter Umständen interessanter, da dann die Lärmvorschriften gelockert werden. Denn inzwischen ist es so, daß die Einhaltung dieser Vorschrift international als Markenzeichen gesehen wird, mit dem sich die Fluggesellschaften gern schmücken. Auch macht sich die Anschaffung eines solchen Düsenflugzeugs langfristig bezahlt: Auf immer mehr Flughäfen ist die Start- und Landegebühr für Flugzeuge laut Kapitel 3 deutlich geringer als für lautere.

Übrigens liegen die von der Airbus-Industrie verkauften Flugzeuge, von ihren Erbauern auch gern „Flüster-Jets" genannt, nach den offiziellen Angaben in den Meßergebnissen noch um die 100 dB (A) herum. Versuchen Sie doch einmal, so laut zu flüstern...

Trotzdem ist im Laufe der Jahre auf dem Gebiet der Senkung der Lärmemission einiges geleistet worden. Es wäre nicht auszudenken, wie unerträglich der Fluglärm der Zivilflugzeuge wäre, würde jedes einzelne Flugzeug noch solch einen Lärm verursachen wie vor 30 Jahren. Durch ständige Neuentwicklungen an den Flugzeugdüsen (Einbau von Schalldämpfern, Änderung des Luftflusses durch die Düsen, schallabsorbierende Triebwerksauskleidung) wurden die einzelnen Lärmemissionen mit der Zeit tatsächlich niedriger. Von den ersten kommerziell genutzten Düsengenerationen bis zu den heute modernen Düsen konnte immerhin eine Verringerung der Lärmemission um rund 30 dB erreicht werden – eine erstaunliche Leistung, wenn man bedenkt, daß eine Reduzierung des Lärm um 10 dB

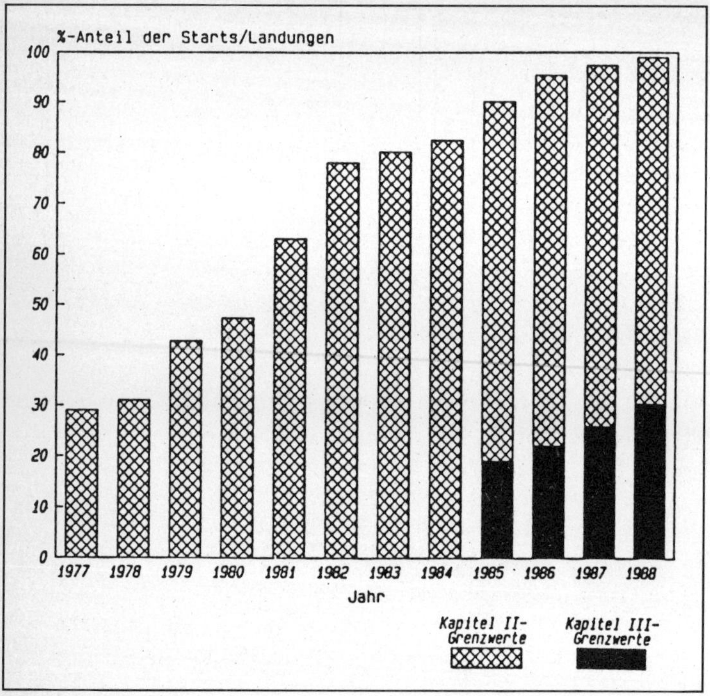

Abb. 10: Die einzelnen Flugzeuge werden tatsächlich sukzessive weniger laut, wie der Anteil der Flugbewegungen nach ICAO Annex 16, Kapitel 2 („laut") sowie nach Kapitel 3 („relativ leise") an der Gesamtbewegungszahl mit zivilen Düsenflugzeugen über 20 t maximaler Startmasse in der Bundesrepublik beweist. Der restliche Anteil besteht aus „überlauten" Flugzeugen (Quelle: Umweltbundesamt).

eine Absenkung des subjektiven menschlichen Lärmempfindens auf die Hälfte bedeutet.

Ganz aktuelle Neuentwicklungen treiben sogenannte Propfan-Turbinen voran, eine Kombination aus Propeller- und Düsenantrieb. Neben einer deutlichen Energieeinsparung erhofft man sich hiervon auch leisere – pardon: etwas weniger lärmende – Flugzeuge.

Neben den Aktivitäten, die Schallemission der Düsen zu reduzieren, gibt es jedoch auch Entwicklungen, die gesamte Flugzeugkonfiguration in Richtung auf ein lärmminderndes Strömungsverhalten zu ändern. Wie jedoch schon an obiger Stelle gezeigt, wird der Effekt der Lärmreduzierung durch den explosionsartig ansteigenden Luftverkehr leider wieder aufgehoben – die Masse macht's eben. So bedeutet der Trend zu immer größeren und somit schweren Flugzeugen an sich schon eine Lärmzunahme – nimmt als Faustregel doch der Lärmpegel um 4 bis 5 dB pro Startgewichtsverdoppelung zu.

Lärmemissionen von Propellerflugzeugen

Ähnlich wie für die zivilen Strahlflugzeuge gibt es auch für die Zulassung von Propellerflugzeugen Grenzwerte. Hier entsteht der Lärm in erster Linie durch die Propeller. Eine Reduktion auf technischem Wege wäre hier zum Beispiel zu erreichen durch ein Herabsetzen der Propellerblattspitzen-Geschwindigkeit, sprich durch ein Drosseln der Drehzahl. Gleichzeitig können Propellerdurchmesser und -geometrie so verändert werden, daß die Lärmentwicklung minimiert wird. Zudem lassen sich Lärmverminderungen durch die neuentwickelten Auspuffschalldämpfer erzielen.

Ähnlich wie bei den Strahlflugzeugen ist die Situation bei den größeren Propellerflugzeugen (über 5,7 t zulässige Startmasse). Von den Grenzwerten sind diese vergleichbar mit den viermotorigen Düsenflugzeugen – wobei der Lärmpegel äquivalent zur demjenigen bei den Düsenflugzeugen festgestellt wird. So sind ab einem Starthöchstgewicht von 384 t beim Startüberflug 106 dB(A), seitlich 103 dB(A) und beim Anflug 105 dB(A) zulässig. Es fliegen derzeit noch zahlreiche dieser großen Propellerflugzeuge, die die Lärmgrenzwerte nicht einhalten und demzufolge keine Lärmzulassung erhalten haben. Einige Beispiele hierfür sind: Fokker F27 Mk 200 und Fokker Mk 400/600, Aérospatiale Nord 262C und die Lockheed Typen L-100-50, L-188 und L-400. Es ist also keineswegs so, wie man möglicherweise vermuten könnte, daß Propellerflugzeuge lärmärmer sind als Düsenflugzeuge.

Für die Gewichtsklassen von Propellerflugzeugen unter 5,7 t sind wieder in Abhängigkeit der höchzulässigen Startmasse die Grenzwerte wie folgt festgelegt worden:

Startmasse bis 0,6 t	68 dB(A)
Startmasse 0,6 bis 1,5 t	68 bis 80 dB(A)
Startmasse 1,5 bis 5,7 t	80 dB(A)

Ab 1.1.1992 sollen diese Grenzwerte für eine Verkehrszulassung um 4 dB(A) gesenkt werden. Bemerkenswert für die Feststellung dieser Grenzwerte ist jedoch, daß für die Zulassung die Lärmemission lediglich bei einem Überflug in 300 m Höhe festgestellt wird. Sowohl beim Start als auch bei der Landung gibt es leider keine gesonderte Feststellung des Lärmpegels.

Die Anwohner der zahlreich vorhandenen Flug- bzw. Landeplätze, auf denen solche Kleinflugzeuge vornehmlich verkehren, haben sicherlich nicht einen so hohen Lärmpegel zu ertragen wie Anwohner der großen Verkehrsflughäfen. Trotzdem haben sie viel auszuhalten. Denn der Grenzwert von maximal 80 dB(A) im Überflug wird von fast allen gängigen Flugzeugtypen dieser Größenordnung nahezu ausgeschöpft. Ein Lärmpegel von 80 dB(A) liegt im Bereich von starkem Straßenverkehr, ein störender Einfluß auf das Nervensystem läßt sich in solchen Größen feststellen. Die „leisesten" Propellerflugzeuge dieser Größenordnung liegen derzeit bei einer Lärmemission von 70 bis 72 dB(A).

Auch Leichtflugzeuge und Motorsegler unterliegen Grenzwerten. Durch eine Bundesverordnung ist der Betrieb von solchen Flugzeugen auf den zahllosen Landeplätzen, auf denen solche immer beliebter werdenden Kleinflieger vornehmlich verkehren, für die lauteren dieser Flugzeuge zeitlich eingeschränkt worden. Hierdurch sollen Privatleute angehalten werde, sich vermehrt leisere Flugzeuge zu beschaffen.

Doch auch hier wird der Effekt der Lärmminderung an der Quelle durch eine stetige Zunahme des Flugverkehrs auf Landeplätzen vermutlich gänzlich aufgehoben – Kleinflugzeuge und Privatfliegerei erleben eine gewaltige Zunahme an Popularität. Zudem erfüllen insbesondere die immer beliebteren Ultraleichtflugzeuge den seit kurzem für Neuzulassungen vorgeschriebenen Grenzwert von 55 dB(A) zumeist nicht. Diese Kleinflieger liegen mit dem von ihnen verursachten Lärm in den meisten Fällen um die 65 dB(A) – der gleiche Bereich wie neuere Leichtflugzeuge. Für Landeplatzanwohner bildet dies eine sicherlich große Belästigung.

Unerträglicher Hubschrauberlärm

„Blade slap“ nennen Fachleute das impulsförmige charakteristische Knattern der Hubschrauber. Dieses besonders laute und als unangenehm empfundene Geräusch entsteht durch das Zusammentreffen eines durch die Rotoren erzeugten Luftwirbels mit eben einem Rotorblatt. Im Sinkflug tritt dieses belästigende Geräusch besonders stark auf – das Umweltbundesamt nennt es „markant“.

Ähnlich wie bei Propellerflugzeugen lassen sich die Geräuschemissionen von Hubschrauberrotoren durch niedrigere Propellerdrehzahl, Verringerung der Blattbelastung und günstige Rotorblattform verringern. Für die Zulassung eines Hubschraubertypen sind Lärmvorschriften auf nationaler Ebene festgelegt worden. Hierzu werden wiederum Lärmmessungen als Maßstab genommen. In einem genau festgelegten Verfahren werden wieder Start- (in 500 m Entfernung), Überflug- (in 150 m Höhe) und Landeanflugswerte (in 1142 m Entfernung, aus 120 m Höhe) gemessen. Ab einer höchstzulässigen Startmasse von 80 t sind bei Hubschraubern noch wesentlich höhere Lärmpegel erlaubt als bei den Düsenjets (wobei der Abstand der Messungen allerdings auch geringer ist – dies ist jedoch auch realistisch, da Hubschrauber im allgemeinen nicht auf so großen Flughäfen starten und landen wie die Düsenjets und somit näher an der Bevölkerung sind). Im einzelnen sind folgende – viel zu hohe – Werte erlaubt:

- Start 109 dB
- Überflug 108 dB
- Landeanflug 110 dB.

Diese Werte müssen – ebenso wie die übrigen Grenzwerte für Fluglärm – dringend gesenkt werden. Fortschritte sind hier bei Neuentwicklungen bisher kaum vorzuweisen, umso nötiger ist ein entsprechender Zugzwang durch niedrige Grenzwerte.

Wahre Lärmschleudern: Militärjets

Vor ähnlich kostenintensiven Entwicklungen wie der zivile Luftverkehr ist die militärische Fliegerei bisher weitgehend verschont geblieben. Deren Düsenjets verbreiten weiterhin landauf landab einen infernalischen Lärm: Internationale Abkommen oder Vorschriften wie beim Zivilflug existieren hier „natürlich“ in keiner Weise. Schließlich erlaubt die militärische Geheimhaltung solche Maßnahmen nicht.

Der lauteste von allen Militärjets ist die altbekannte und noch immer weitverbreitete Phantom: Bei einer Geschwindigkeit von 780 km/h in 75 m Höhe werden 112,4 dB(A) auf dem Boden festgestellt, bis zu einer Erhöhung der Endanflugsgeschwindigkeit vom 0,8fachen der Schallgeschwindigkeit in 75 m Flughöhe erhöhen sich die offiziellen Messungsangaben auf einen Schallpegel von 123,0 dB(A). Hier bewegt man sich im Bereich der akuten Gehörschäden und der Schmerzschwelle.

Doch auch die anderen Jets machen noch einen Höllenlärm: beim Tornado bewegt sich diese Spanne zwischen 105,8 und 119 dB(A), beim englischen Harrier zwischen 110,6 und 118,3 dB(A), beim englischen Jaguar zwischen 109,2 und 119,0 db(A), die französische Mirage erzeugt Lärm in einer Spanne zwischen 105,7 und 112,2 dB(A), die A-10 Thunderbolt der Bundeswehr bringt es bei erheblich geringeren Geschwindigkeiten auf immerhin noch 100,8 dB(A) bis 104,9 dB(A), der Alpha-Jet auch bei niedrigeren Geschwindigkeiten auf 98,0 bis 101,6 dB(A). Die Dezibel- Angaben beziehen sich jeweils auf 75 m Flug„höhe“.

Gehörschäden nimmt man bei der zu schützenden Bevölkerung achselzuckend in Kauf und stellt sie – wenn auch seit den Veränderungen in einigen osteuropäischen Ländern nicht mehr ganz so unverfroren – als den Preis unserer Freiheit hin. Auch in der Nähe militärischer Flughäfen haben die Anwohner einen solchen Höllenlärm zu ertragen. Es ist höchste Zeit, daß diese katastrophalen Zustände endlich geändert werden!

Und viel stärker als bei allen anderen Luftfahrtbereichen drängen sich hier dirigistische Maßnahmen als Mittel zur Lärmreduzierung auf. Es zwingt sich die Frage auf, ob es auf diesem Sektor Sinn macht, die Lärmemission durch technische Mittel mehr oder weniger geringfügig zu reduzieren. In der heutigen europäischen Total-Entspannungsphase macht die militärische Luftfahrt, wie sie bisher praktiziert worden ist, hier keinen Sinn mehr.

Eine logische Folgerung aus diesen Entwicklungen ist daher ein völliges Aufheben dieser unsinnigen Flüge, verbunden mit einem Verschrotten der benutzten Flugzeuge – was man ja letztendlich auch als eine technische Maßnahme zur Lärmreduzierung an der Quelle betrachten kann. Eine solch grundlegende Lösung der Tieffluglärmprobleme sei hier mit Absicht in dieser absoluten und somit für einige sicherlich provokanten Form zur Diskussion gestellt.

Technische Maßnahmen zur Verringerung der Lärmimmission bei den Betroffenen

Da es bisher nicht entscheidend gelungen ist, die Lärmemissionen für die Betroffenen spürbar zu vermindern, sind „passive" Schallschutzmaßnahmen immer noch sowohl nötig als auch für die Fliegerei eine günstige Gewissensberuhigung. Bei diesen Maßnahmen ist der Ausstoß von Lärm unbeeinflußt, statt dessen werden bauliche Schallschutzmaßnahmen durchgeführt, die die Gesundheit der Betroffenen garantieren sollen – die also die Lärmimmission bei Anwohnerinnen und Anwohnern von Flughäfen vermindern sollen.

Solche passiven Schallschutzmaßnahmen sind beispielsweise der Einbau von doppelt verglasten Fenstern in Häuser, die Flughäfen müssen nach höchstrichterlichen Entscheidungen den Wohnungseigentümern in der Lärmschutzzone 1 (75 dB [A] Dauerbelastung und mehr!) solche baulichen Schutzmaßnahmen finanziell erstatten. Einer Gesetzesinitiative des Bundesrates zufolge ist ebenso geplant, den Bewohnern der Lärmschutzzone 2 (67 bis 75 dB [A]) eine solche Entschädigung gesetzlich zuzusichern. Hierauf wurde das Umweltbundesamt mit einer Kostenabschätzung für eine solche Maßnahme aktiv und errechnete für die Flugplätze prompt einen Kostenaufwand von 1,1 Mrd. DM – eine höhere Summe, als aufgrund der bisherigen Gesetzeslage bis Ende 1988 insgesamt ausgegeben worden ist (840 Mio. DM). Über das Gesetz ist noch nicht abschließend beschieden worden.

Es muß hier jedoch hervorgehoben werden, daß solche passiven Schallschutzmaßnahmen allenfalls der zweite Schritt sein können – schließlich können sie nur innerhalb von Gebäuden vor dem Lärm schützen. Arbeiter, Spaziergänger oder draußen spielende Kinder bleiben ungeschützt. Es muß also zu allererst die Entstehung des Lärms eingegrenzt werden, das Übel ist sozusagen an der Wurzel bzw. der Ursache und nicht am Symptom zu bekämpfen. Auf lange Sicht wird jedoch aufgrund des faktisch vorhandenen Lärms das Ergreifen von solchen passiven Maßnahmen leider unumgänglich sein.

Dirigistische und betriebliche Maßnahmen zur Reduzierung des Fluglärms

Hierunter fallen regulierende Maßnahmen wie beispielsweise die Nachtflugbeschränkungen, Mindesthöhen für den militärischen Tiefflug, Optimierungen des Flugwinkels bei Start und Landungen, Verbot der extrem lauten Schubumkehr nach Landungen sowie Verbesserungen der gesetzlichen Rahmenbedingungen.

Zu den Nachtflugbeschränkungen ist zu sagen, daß diese an einigen europäischen Großflughäfen nicht bestehen, bzw. nur für wenige Stunden. Es gibt auf Seiten der Flughafenbetreiber sowie der Fluggesellschaften derzeit immer wieder Bestrebungen, die Nachtflugbeschränkungen zurückzufahren, da die neuen Jets doch wesentlich leiser seien. Wenn man hierbei berücksichtigt, daß beispielsweise ein Airbus 300 beim Start in 6,5 km Entfernung immer noch Spitzenpegel um die 90 dB(A) bringt, während für Wohngebiete in der Nachtzeit ein Schallpegel von maximal 45 dB(A) zulässig ist, so ist es schlicht unredlich, solche Überlegungen anzustellen. Die Nachtflugbeschränkungen lassen sowieso noch allzu viele Ausnahmen zu, so daß von einem „Nachtflugverbot", wie es auf Flughäfen immer wieder gerne genannt wird, keine Rede sein kann. Eine Untergrabung der mühsam erkämpften Nachtflugbeschränkungen darf nicht zur Debatte stehen.

Hierzu wieder ein Beispiel: Die Ausnahmen von den Nachtflugbeschränkungen häufen sich zunehmend. Für den im Stadtgebiet liegenden Flughafen Hamburg sind solche Nachtflugbeschränkungen zwischen 23.00 und 6.00 Uhr ausgesprochen worden. „Unvermeidliche" Verspätungen dürfen noch in einer Pufferzeit zwischen 23.00 und 24.00 Uhr durchgeführt werden. Ein kleiner Fortschritt mag hier sein, daß ab 28. Oktober 1990 die Nachtflugmöglichkeiten für die „lauten" Flugzeuge (ICAO Annex-16, Kap. 2) weiter beschnitten wurden. Für diese gilt seither eine Nachtflugbeschränkungszeit von 22.00 bis 07.00 Uhr, sowie eine neue Verspätungsregelung für die Zeit von 22.00 bis 23.00 Uhr. Nun ist es jedoch keinesfalls so, daß zu spät kommende Flugzeuge nach der Kapitel 2-Regelung in der Luft warten können, bis es 7.00 Uhr wird – also leitet man, sofern man die eigene Regelung restriktiv handhaben will und die eigenen Finanzen stimmen, solche Flugzeuge dann in der Regel um. Für den Hamburger Flughafen Fuhlsbüttel springt dann zumeist gerne der Hannoversche Flughafen Langenhagen ein...

Im Hamburger Fluglärmschutzbericht wird die Anzahl der Flugbewegungen während der Zeit der Nachtflugbeschränkungen genau statistisch erfaßt. Im Bericht von 1988 heißt es mit aller Deutlichkeit: „Die Zunahme der Verspätungen im Rahmen der Regelungen der Örtlichen Flugbeschränkungen ist außerordentlich hoch. Sie ist im wesentlichen durch Engpässe im Luftraum sowie auf den Verkehrsflughäfen verursacht worden." Diese Zunahme der Verspätungen zieht für die Anwohner üble nächtliche Störungen nach sich, die hier einmal mit den angegebenen Zahlen belegt werden sollen.

Übersicht über die nächtlichen Flugbewegungen am Flughafen Hamburg

▷ im Rahmen der Verspätungsregelung
(23.00 – 24.00 Uhr)

	Starts	Landungen	Gesamt
1986	87	97	184
1987	112	158	270
1988	255	308	563
1989	273	432	705

- ▷ aufgrund von Einzelgenehmigungen (23.00 Uhr – 6.00 Uhr bzw. 22.00 bis 07.00 ab 1988)

	Starts	Landungen	Gesamt
1986	2	10	12
1987	9	11	20
1988	11	15	26
1989	5	9	14

- ▷ aufgrund genereller Freistellungen (zum Beispiel Luftpost, Hoheitsflüge, Ausweichlandungen) und von Dauerausnahmegenehmigungen (Kurier- und Kleinfrachtflüge mit 2-motorigen Propellermaschinen)
  Zeiten: 23.00 – 06.00 Uhr, ab 1988: 22.00 – 07.00 Uhr

	Starts	Landungen	Gesamt
1986	110	754	864
1987	48	696	744
1988	25	718	743
1989	14	663	677

- ▷ ohne Genehmigung (Zeiten wie oben)

	Starts	Landungen	Gesamt
1986	1	2	3
1987	3	7	10
1988	3	12	15
1989	3	9	12

- ▷ alle nächtlichen Flüge zusammen

	Starts	Landungen	Gesamt
1986	200	863	1063
1987	172	872	1044
1988	294	1053	1347
1989	295	1113	1408

Wie man sieht, ist die Zahl der nächtlichen Flugbewegungen sehr groß. Im Schnitt gibt es jede Nacht rund einen Start und drei Landungen. Da ein Einzelschall schon ab 60 dB(A) zum Aufwachen führen kann, haben die Anwohner noch immer erhebliche Lasten zu tragen. Das gern so genannte Nachtflug„verbot“ bringt noch längst keine ruhigen Nächte.

Ein wichtiges Feld zur Reduzierung des Fluglärms für Flughafenanwohner ist eine zeitliche Beschränkung der bei der Wartung und Instandhaltung der Flugzeuge nötigen Triebwerksprobeläufe. Diese Probeläufe erzeugen höllischen Lärm der Flugzeuge am Boden: bei maximaler Triebwerksleistung wurden in 100 m Entfernung bis zu 125 dB(A) gemessen (!) – womit die Schmerzschwelle nicht nur im Wortsinn erreicht ist. Solche Probeläufe sind auf ein absolut unumgängliches Minimum zu reduzieren. Zudem sind die oft schon vorhandenen Lärmschutzhallen zu verbessern.

Harsche Kritik erfährt auch immer wieder das Fluglärmgesetz. Insbesondere die Erfassung des vorhandenen Lärms gerät immer wieder ins Kreuzfeuer. So finden in der Bundesrepublik nicht die internationalen Vorschriften der ISO R. 507 Anwendung, die exakt vorschreiben, wie Fluglärm zu bewerten ist, sondern eine bundeseigene Regelung wird angewendet. Nach dieser bundeseigenen Regelung werden deutlich niedrigere Dauerschallpegel ermittelt als nach internationalen Vorschriften. Nach Angaben des Bundes für Umwelt und Naturschutz (BUND) bedeutet ein Dauerschallpegel von 75 dB(A) einen Schallpegel von 82 bis 83 dB(A) nach ISO-Vorschrift. Trotzdem weigert man sich auf den politischen Ebenen, die Immissionsrichtwerte anzupassen, also herunterzusetzen. Während man sich bei der Art der Messung also nicht an internationale Vorschriften hält, begründet man dieses Festhalten an den Grenzwerten gerade damit, daß hierfür das international gültige EG-Recht, das Alleingänge nun einmal nicht zulasse, feste Grenzen vorschreibt. Daß diese Grenzwerte nur Gültigkeit haben können, wenn nach entsprechender Vorschrift gemessen wird, verschweigt man.

Problemfeld Lärm – Was ist zu tun und was zu lassen?

Einen bedeutsamen Beitrag zur Aufklärung über das Problem Fluglärm leistet seit langem die Bundesvereinigung gegen Fluglärm e.V. Die Bundesvereinigung – gegründet immerhin schon 1967 – ist ein Zusammenschluß von Initiativgruppen und Personen, die aus ihrer persönlichen Betroffenheit heraus aktiv geworden sind und denen es demzufolge um eine Änderung ihrer durch Fluglärm oft unerträglichen Lebenssituation geht.

Folgende grundlegende Stellungnahme gab der Bundesverband auf einer Tagung in der Evangelischen Akademie Bad Boll ab (zitiert nach Pfeiffer/Fischer):

„1.) Die Bundesrepublik Deutschland ist das am dichtesten überflogene Gebiet der Welt. Bis zum Jahr 2000 wird im zivilen Luftverkehr mit einer Verdoppelung der Flugbewegungen gerechnet. Das entspricht für die 12 deutschen Verkehrsflughäfen, die 1987 1.241.175 Bewegungen zu verzeichnen hatten, einer Bewegungszahl von rd. 2,5 Millionen. Eine Erhöhung der Zahl der Flugbewegungen bedeutet auch eine Steigerung der Belastung durch Fluglärm.

2.) Die heute schon feststellbaren Engpässe im Luftraum und am Boden führen bei dieser Entwicklung zu einer Überdrucksituation, bei der die Gefahr besteht, daß Auswege unter Mißachtung oder nicht ausreichender Beachtung des Schutzes der Bevölkerung vor Fluglärm gesucht werden:

- Verlagerung der allgemeinen Luftfahrt weg von den Verkehrsflughäfen, hin zu Regionalflughäfen, Landeplätzen etc.
- Erhöhung des Nachtflugbetriebes.

3.) Die technischen Möglichkeiten zu Lärmminderung an der Quelle dürften auf absehbare Zeit ausgeschöpft sein. Es geht derzeit darum, die lärmungünstigeren Flugzeuge möglichst rasch auszumustern.

Bei der Umsetzung der entsprechenden Vorschriften zeigt sich eine bedauerliche Phasenverschiebung zum Nachteil der betroffenen Bevölkerung in der Bundesrepublik Deutschland. Vorgaben aus den USA und der ICAO von 1979 wurden von der EG umgesetzt 1980 und 1983 und im Inland erst 1986 (Unterschallverordnung). Hinzu kommen umfangreiche Ausnahmeregelungen insbesondere zugunsten von Luftverkehrsgesellschaften der Drittländer.

4.) Die Lärmminderung durch flugbetriebliche Maßnahmen dürfte weitgehend ausgeschöpft sein. Möglicherweise bringt die Einführung des Mikrowellenlandesystems zusätzliche Verbesserungsmöglichkeiten.

5.) Die planerischen Maßnahmen aufgrund des Gesetzes zum Schutz gegen Fluglärm und entsprechender ergänzender Länderregelungen sind durchgeführt. Die an den äquivalenten Dauerschallpegel angeknüpften Lärmschutzbereiche werden bei Neufestsetzungen regelmäßig kleiner. Die Gesetzesinitiative, wonach auch in der Lärmschutzzone 2 Aufwendungen für passiven Schallschutz erstattungsfähig sein sollen, kuriert nur mit unzulänglichen Mitteln an einem Symptom.

6.) Das Gesetz zum Schutz gegen Fluglärm des Jahres 1971 hat seine Schuldigkeit getan. Eine sinnvolle Regelung ist nur im Wege einer grundsätzlichen Neufassung möglich, wenn das Auseinanderklaffen zwischen dem Regelungsbereich dieses Gesetzes und der tatsächlichen Betroffenheit wenigstens annähernd vermieden werden soll. Hierbei sind folgende Punkte zu beachten:
a) In der Umgebung von Verkehrs- und Militärflughäfen hat sich die Einführung der Lärmschutzbereiche im wesentlichen bewährt. Allerdings ist zu überprüfen, inwieweit die Anknüpfung an den äquivalenten Dauerschallpegel den heutigen Kenntnissen der Lärmwirkungsforschung noch gerecht wird. Zumindest für den nächtlichen Fluglärm muß sehr viel stärker und im Schwerpunkt auf Einzelschallereignisse abgestellt werden. Schlafstörungen werden nicht durch den äquivalenten Dauerschallpegel, den man nicht hört, ausgelöst, sondern durch Einzelschallereignisse, sofern sie eine bestimmte Grenze überschreiten. Insoweit haben sich die Lärmschutzbereiche „alter Fassung" als untauglich erwiesen. Das gleiche gilt auch für den Tag bei Militärflughäfen. Militärischer Fluglärm ist durch extrem hohe Einzelschallpegel gekennzeichnet, deren Störwirkung im äquivalenten Dauerschallpegel nur unzulänglich erfaßt wird.

b) Die außergewöhnlich starke Fluglärmbelästigung durch den militärischen Tiefflugbetrieb und militärische Luftkampfübungen etc. kann vom bisherigen Regelsystem des Gesetzes nicht erfaßt werden. Eine Anknüpfung an Lärmschutzbereiche scheidet hier aus. Die Vorstellung von Lärmschutzbereichen für Gebiete des Tiefflugbetriebes erscheint unrealistisch und unpraktikabel. Hier ist ein neuer Ansatz erforderlich."

Anmerkungen zu dieser Stellungnahme

Soweit die Stellungnahme des Bundesverbandes gegen Fluglärm. Es sind hierzu aus Sicht des Autors jedoch einige Anmerkungen zu machen. Zunächst sind die von dem Bundesverband bisher erreichten Erfolge nicht in Frage zu stellen. Der Verband, der 1992 auf sein „silbernes Jubiläum" wird zurückschauen können, hat sich durch sehr zähe Arbeit auf allen Ebenen, vor allem aber in politischen Gremien zu einer ernstgenommenen Vertreterorganisation entwickelt. Ohne den Einsatz des Verbandes und auch der Einzelinitiativen würde derzeit ein noch schlimmerer Fluglärm vielen von uns zu schaffen machen.

Allerdings hat man bisher immer das „Machbare" angestrebt. Weitergehende Forderungen werden eher gemieden. Ein Infragestellen des Flugverkehrs an sich oder auch des Sinns einzelner Flüge erfolgt kaum; besonders auf dem Gebiet der Eingrenzung von militärischen Flugaktionen ist man sehr zurückhaltend. Der Bundesverband gegen Fluglärm wird mit dieser Linie in Zukunft Probleme bekommen, dies deutet sich schon in der obigen Stellungnahme an. Wie der Verband selbst einräumt, sind die „auf absehbare Zeit" ergreifbaren technischen Möglichkeiten der Lärmreduzierung weitgehend „ausgeschöpft" – doch der Lärm ist nach wie vor geblieben, wenn nicht gar noch schlimmer geworden.

Das erreichte „Ende der Fahnenstange" verlangt mittlerweile danach, das Übel stärker an der Wurzel zu packen. Hierzu gehört sicherlich zum Beispiel eine umfassende Aufklärungsarbeit, die dem Flugzeugkunden nur vom Gebrauch des Flugzeugs abraten kann. Ein Abbremsen der Steigerung und mittelfristig möglicherweise sogar ein leichter Rückgang des Flugärmes ist nur zu erreichen, wenn der Flugverkehr nicht in der Form weiterboomt, wie es sich anzudeuten scheint.

Auch auf militärischem Gebiet kann man sich beim Bundesverband gegen Fluglärm bisher kaum zu einem grundlegenden und politischen Wort durchringen. Solche Aufforderungen fehlen leider bisher beim Bundesverband gegen Fluglärm.

Deutlich wird die in dieser Organisation vorherrschende Haltung beispielsweise in einem Interview mit dem Vorsitzenden der Hamburger „Notgemeinschaft der Flughafenanlieger“, das in einer Zeitschrift des Flughafens abgedruckt wurde. Auf die Frage, ob eine „europäische Metropole“ wie Hamburg denn ohne Flugverkehr auskommen könne, lautet die Antwort: „Nein. Die Wirtschaftskraft unserer Stadt ist nicht nur vom nassen, sondern auch vom trockenen Hafen abhängig. Wichtig ist, daß die Entscheidungsträger in unserer Stadt stets die Problemlage der ca. 400.000 Fluglärmbetroffenen vor Augen haben. Hier geht es um die Wohn- und Lebensqualität von ca. 25 Prozent der Hamburger Bevölkerung. Die Politik muß Prioritäten setzen, damit sich die Lage der Anlieger nicht noch verschlimmert. Warum sollen nicht Fracht-, Charter- und Sportflugzeuge auf andere Flughäfen verlagert werden?“ Kann denn eine solche Verlagerung von Flugbewegungen das Problem lösen – oder steht hier nicht St. Florian bei der Aufstellung von Forderungen Pate?

Solche oberflächlichen Positionen mögen ein Grund dafür sein, daß sich zahlreiche Initiativgruppen von Betroffenen besonders des militärischen Tieffluglärms nicht dem Bundesverband gegen Fluglärm angeschlossen haben, sondern sich vielmehr der „Bundeskoordinationsstelle der Tiefflug-Gegner“ zugewandt haben. Dieser speziell zum militärischen Tiefflug arbeitende Dachverband ist wesentlich politischer, stellt unbequemere Fragen und Forderungen. So wird beispielsweise der gesamte militärische Luftverkehr zur Disposition gestellt, „Teillösungen“ wie Streuung auf andere Gebiete bzw. Verlagerung des Tiefflugs oder das Anheben der Mindestflughöhen werden schlichtweg abgelehnt.

Adressen hierzu sind im Anhang zu finden.

Unterirdische Flugzeugwirkungen: Bodenvergiftungen in Flughafennähe

Es mag einige erstaunen, daß es in der Nähe von Flughäfen zu Gefährdungen und Umweltproblemen mit Belastungen des Bodens kommt. Dies passiert auf verschiedene Arten: durch das Versickern von Kerosin, durch chemische Enteisungsmittel, die im Winter Anwendung finden, durch absinkende Flugzeugabgase, Reifenabrieb und Feuerlöschmittel. Leider liegen zu diesem Themenbereich bisher nur relativ wenige Untersuchungen vor, die jedoch durchaus erschrecken lassen.

Die chemische Schneeschippe auf den Flughäfen

Insbesondere die Enteisung der Flugverkehrsflächen bringt für den Boden und somit auch für das Grundwasser Probleme. Diese Beseitigung von Schnee und Eis kann auf Flugplätzen aus technischen Gründen nicht wie beim Straßenverkehr mit Salzen (NaCl oder KCl) oder mit abstumpfenden Mitteln wie Splitt oder Granulat durchgeführt werden. Die Verwendung von Salzen würde bei Flugzeugen zu erheblichen Problemen durch Korrosion an den verwendeten Legierungen führen. Auf der anderen Seite würden auch die im Straßenverkehr seit geraumer Zeit vermehrt verwendeten abstumpfenden Mittel wie Splitt bei den Flugzeugen zu Schwierigkeiten führen: Die Turbinen würden diese Körner mitansaugen – mit unabsehbaren Folgen für die Flugsicherheit.

Also müssen bei der Fliegerei andere Mittel her. Während man noch bis in die 60er Jahre hinein bei Eis und Schnee nur mit Sand gestreut hatte (die sehr leistungsstarken Turbinen mit dem gewaltigen Luftdurchsatz von heute gab es noch nicht), so stieg man anschließend auf die chemische Enteisung von

Roll-, Start- und Landebahnen sowie des Flugvorfeldes um. Auf Seiten der zivilen und militärischen Flughafenbetreiber beeilt man sich zu betonen, daß die mechanische Schnee- und Eisräumung vor allem mittels Kehrblasgeräten Vorrang haben soll vor den chemischen Keulen. Wie häufig es trotzdem zu einem unnötigen Einsatz der chemischen Enteisung kommt, darüber kann man nur spekulieren.

Es kommen momentan unterschiedliche Mittel zum Einsatz, sowohl als Granulat, das mit ähnlichen Geräten wie das Streusalz des Straßendienstes aufgetragen wird, wie als flüssige Auftaumittel. Seit Mitte der 70er Jahre ist vor allem das Mittel „Urea" weitverbreitet, das als Granulat gehandelt wird und aus technischem Harnstoff (chemische Formel: $CO(NH_2)_2$) besteht. Es besteht zu 46,6 Prozent aus Stickstoff.

Außerdem kommen die Mittel „Frigantin" (Flüssigkeit, besteht aus Propylenglycol [$C_3H_8O_2$], Harnstoff und Wasser) und „Hoechst 1678" (Flüssigkeit, besteht aus Diethylenglycol [$C_4H_{10}O_3$], Harnstoff, Wasser sowie Natriumtetraborat [$Na_2B_4O_7$] als Korrosionsverhinderer an den Flugzeugen) häufig zum Einsatz. Die Flüssigenteiser sind nicht für einen so robusten Einsatz geeignet wie das Granulat: Bei höheren Windgeschwindigkeiten werden sie stark verweht und können so nicht die erwünschte Wirkung erzielen. Außerdem reicht bei dicken Eisschichten die auftauende Wirkung oft nicht aus. Diese eingeschränkten Nutzungsmöglichkeiten der Flüssigenteiser führen dazu, daß sie vor allen Dingen bei der „Präventiventeisung" zum Einsatz kommen, also wenn Frost oder gefrierender Niederschlag vorausgesagt werden.

Am häufigsten wird seit Mitte der 70er Jahre das feste Enteisungsmittel „Urea" verwendet. Hiervon wird für eine Eisfreihaltung der Flugverkehrsflächen eine Menge von 20 g/m^3 eingesetzt. Auf dem Flughafen Frankfurt wurden im Winter 1980/81 von diesem Mittel 2.200 Tonnen verwendet – immerhin genug zur Enteisung einer Fläche von 110 Quadratkilometern. In dem recht harten Winter 1986/87 wurde auch die große Menge von 1.860 t „Urea" am Flughafen Frankfurt verstreut, dazu kamen die damals noch relativ neuen Mittel „Frigantin" (375 t) und „Hoechst 1678" (368 t).

Die Wirkungsweise des technischen Harnstoffs zeigt gleichzeitig auf, wie dieses Chemieprodukt die Umwelt beeinflußt.

Nach Aufbringen reagiert der Harnstoff zunächst mit Wasser. Es entsteht bei dieser Abbau-Reaktion zunächst Ammoniak und Kohlendioxid:

$$CO(NH_2)_2 + H_2O \rightarrow 2\ NH_3^+ + CO_2.$$

Das gebildete Ammoniak NH_3^+ ist stark fischgiftig, so daß es bei Beginn des Einsatzes von Harnstoff-haltigen Enteisungmitteln zu Anfang der 70er Jahre in den von den Flughäfen ablaufenden Vorflutern immer wieder zu Fischsterben kam, da der Harnstoff damals offenkundig noch äußerst hemmungslos verwendet wurde. Aus diesem Ammoniak bildet sich unter bestimmten Voraussetzungen wieder in Verbindung mit Wasser Ammonium:

$$NH_3^+ + H_2O \rightarrow NH_4^+ + OH^-.$$

Dieses Ammonium wird von Bakterien zersetzt – sofern diesen genügend Sauerstoff zur Verfügung steht. Es entsteht zunächst Nitrit (NO_2^-) und hieraus dann Nitrat (NO_3^-):

$$NH_4^+ + 3\ O_2 \rightarrow 2\ NO_2^- + 2\ H_2O + 3\ H^+$$

$$NO_2^- + O_2 \rightarrow 2\ NO_3^-.$$

Die Umweltbeeinflussung geht demzufolge von den Abbauprodukten des Harnstoffs aus: Eine Boden- und Grundwasserbelastung bzw. -anreicherung durch Nitrite und Nitrate.

Dieses gilt übrigens auch für die neueren Flüssigenteiser. Bei diesen ist weniger Harnstoff enthalten als bei dem Granulat. Allerdings kommen hier stattdessen noch andere Verbindungen in die Umwelt, wie z.B. Propylenglycol, das unter starker Sauerstoffzehrung abgebaut wird und zudem als wassergefährdender Stoff gilt. Auch in den in Übungen und Notfällen eingesetzten Schaumlöschern ist teilweise neben vielfältigen Verbindungen auch Harnstoff enthalten.

Die Nitratbelastung an Flughäfen ist beträchtlich. Das in der Nähe entnehmbare Grundwasser ist oftmals sogar in Entfernungen von mehreren Kilometern noch hochgradig mit auch für Menschen giftigen Nitraten verseucht. Nimmt man den Grenzwert der Trinkwasserverordnung von 50 Milligramm pro Liter (mg/l) als Maßstab, so wäre dieser von vielen Umweltorganisationen als deutlich zu hoch kritisierte Wert in Flughafen-

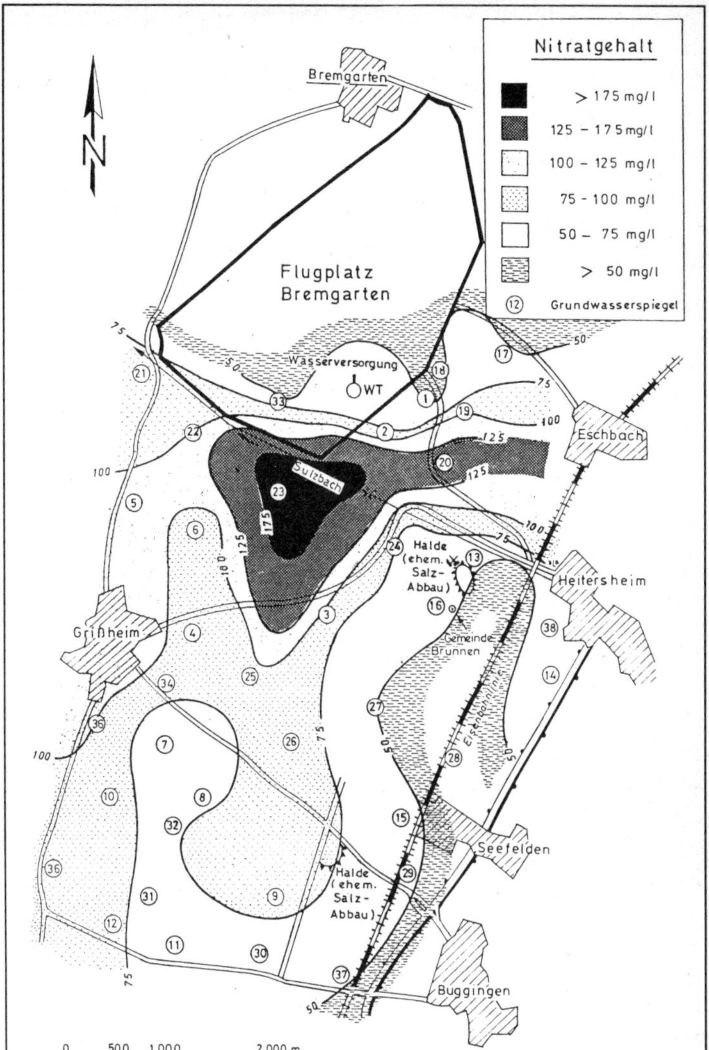

Abb. 11: Darstellung der Nitratbelastung am Militärflugplatz Bremgarten in Südbaden. Deutlich ist die erhöhte Nitratkonzentration im Grundwasser südlich des Flugplatzgeländes zu erkennen. Die höchsten Konzentrationen liegen über 175 mg/Liter. Der Trinkwassergrenzwert liegt bei 50 mg/l (Quelle: Nalka/Hauröder-Strüning).

nähe um ein Vielfaches übertroffen. Auch der oftmals zulässige „Ausnahmewert“ von 90 mg/l wird in Flughafennähe deutlich überschritten.

Eine kürzlich veröffentlichte Untersuchung in der Umgebung des Militärflugplatzes Bremgarten (südwestlich von Freiburg, nah an Fessenheim) belegt dies eindringlich, wie Abb. 11 zeigt.

In der genannten Untersuchung ist belegt, daß die Nitratbelastung vor allem durch den Enteisungmitteleinsatz auf dem Flugplatz entstanden ist. Allerdings wird auch betont, daß „eine vollständige Erschöpfung der gesamten Denitrifikationsleistung, ein sogenannter Nitratdurchbruch“, an diesem Flugplatz momentan noch nicht zu verzeichnen sei – was auf gut deutsch heißt, daß sich der Nitratgehalt im Grundwasser noch in Grenzen hält, da das Nitrat noch im Boden abgebaut wird. Im Laufe der Untersuchungsjahre seit 1979 ließ sich an den meisten Meßstellen eine Zunahme des Nitratgehaltes feststellen, oder auch eine relativ konstante Nitratbelastung des Grundwassers. Betont werden sollte an dieser Stelle, daß diese Untersuchung keineswegs repräsentativ für andere Flughäfen sein muß. Ob es an anderen Flugplätzen zu „Nitratdurchbrüchen” gekommen ist und kommt, müßte in aufwendigen Einzeluntersuchungen festgestellt werden. Es ist jedoch zu vermuten, daß an anderen Flugplätzen ähnliche Erscheinungen auftreten und sich der Nitratgehalt des Wassers mäßig aber regelmäßig steigert.

Nitrat wirkt im menschlichen Organismus unter anderem dadurch, daß er sich in Nitrosamine wandelt, die als krebserzeugend gelten – diese Problematik ist vor allem aus Gebieten bekannt, in denen intensive Tierhaltung betrieben wird. Dünger und Gülle sorgen dort für unvertretbar hohe Nitratanteile im Grund- und damit auch im Trinkwasser. Die krebserzeugende Wirkung der Nitrate ist bisher noch nicht unzweifelhaft nachgewiesen, es bestehen jedoch starke „Verdachtsmomente“, daß Nitrate zumindest die Wahrscheinlichkeit an Magenkrebs zu erkranken, deutlich steigen lassen. Außerdem kann Nitrat zu Sauerstoffarmut des Blutes führen, was besonders bei Kindern höchst gefährlich ist (auch „Blausucht“ genannt). Dies kann schwere und vor allem bleibende Schäden hervorrufen.

Der Nitrateintrag durch Flughäfen ist insgesamt nicht vergleichbar mit den riesigen Mengen, die durch die Gülle in das Grundwasser gelangen. Es ist jedoch auch unzweifelhaft, daß es

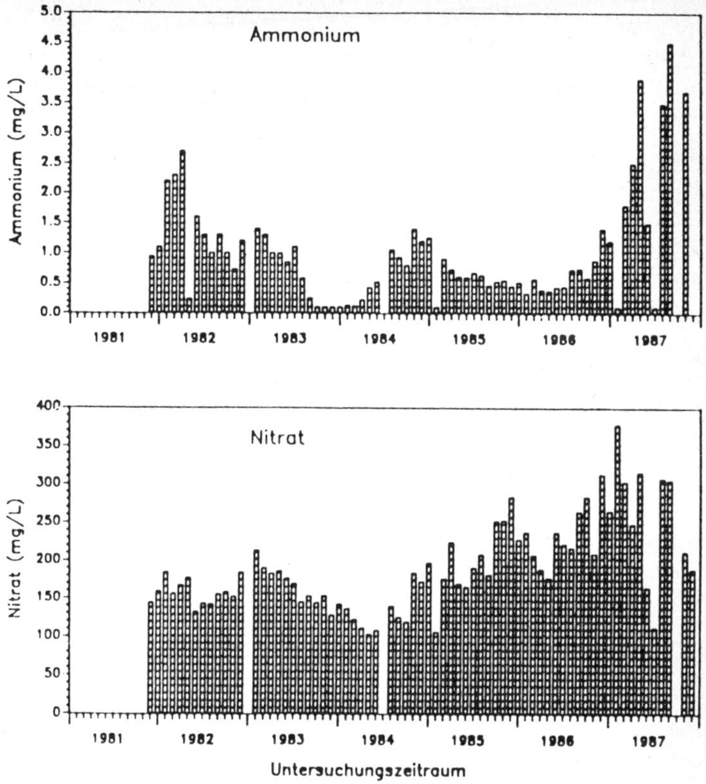

Abb. 12: Konzentrationen von Ammonium (oben) und Nitrat (unten) an einer sehr nahe zu der Südbahn des Frankfurter Flughafens gelegenen Meßstelle für Grundwasserverschmutzung. Der deutlich ansteigende Trend beim Nitrat ist unverkennbar. Die seit 1987 kraß ansteigende Konzentration bei der Stickstoffverbindung Ammonium deutet möglicherweise auf einen „Durchbruch" dieser Verbindung hin – was bedeuten würde, daß die Fähigkeit des Bodens, die Stickstoffe zu zersetzen, erschöpft wären. Betont werden muß, daß es sich hierbei um einen von der Lage her extremen Meßbrunnen handelt, in unmittelbarer Nähe zur Landebahn. Vom Trend her ähnliche Aussagen sind jedoch für die anderen untersuchten Meßpunkte zu treffen (Quelle: Golwer et. al.).

durchaus zu lokal bedeutenden Belastungen hierdurch kommen kann.

Eine am Flughafen Frankfurt durchgeführte Untersuchung bekräftigt diesen Verdacht. In einem umfassenden Untersuchungsprogramm über mehrere Jahre hinweg zeigt sich im Grundwasser eine teils gleichbleibende, teils steigende Tendenz der Nitrat- wie auch der Ammoniumbelastung. Beispielhaft ist dies in Abbildung 12 zu erkennen.

Auffallend sind die sehr hohen Meßwerte dieser Station. Hohe Ergebnisse bis zu 200 mg/Liter als Monatswert werden jedoch auch an entfernteren Meßbrunnen festgestellt, wobei jeweils andere, außerhalb des Flughafens liegende Einflüsse nicht ausgeschlossen werden konnten. Es wird für das Gebiet des Flughafens Frankfurt mit einem, wie es heißt, „natürlichen" Nitratgehalt von 10-30 mg/l gerechnet. Lokal erhöht also vor allem die Flugfeldenteisung diesen Wert auf rund das Zehnfache!

Solche Nitratbelastungen sind auf Dauer nicht tragbar. Dringend ist es nötig, den Winterdienst auf mechanische und abstumpfende Enteisung umzustellen. Auch und gerade für Militärflughäfen erscheint eine kurzfristige Rücknahme oder Aufhebung des Flugverkehrs während Frostzeiten möglich und nötig – was den Winterdienst überflüssig machen würde.

Belasteter Abfluß, belasteter Boden, belastetes Wasser

Auch für andere Schadstoffe lassen sich die Einflüsse der Flugplätze in den verschiedensten Umwelt-Medien mehr oder minder deutlich nachweisen: im Niederschlag, im Abfluß, im Boden und im Grundwasser hinterläßt der Flugbetrieb seine Spuren. Diese sind vielfältigster Art und vor allem durch Metall- und Schwermetallverbindungen sowie unerfaßbar vielen Kohlenwasserstoffverbindungen gekennzeichnet. Die Verbreitung und Wirkung der weitaus meisten Stoffe ist nicht annähernd so bekannt wie beim Nitrat. Auch läßt sich die Herkunft nicht immer so eindeutig feststellen wie bei der Nitratverseuchung durch den Harnstoff.

So wurden bei dem nach Niederschlägen aufgefangenen Abflußwasser der Landebahnen beispielsweise folgende merklich erhöhten Schadstoffwerte festgestellt (die Zahlenangaben beziehen sich auf den Flughafen Frankfurt): für Ammonium (Maximalwert 1.020 mg/l) und Nitrit (max. 14 mg/l) aus der Enteisung, Calcium (max. 8 mg/l) und Kieselsäure (max. 4 mg/l) wahrscheinlich aus dem Abrieb der Betonbahnen. Eindeutig erhöhte Werte wurden beim Abflußwasser auch für die Schwermetalle Cadmium (max. 0,006 mg/l), Blei (max. 0,19 mg/l) und Zink (max. 0,88 mg/l) festgestellt. Diese Werte wurden z.T. auf den Gummiabrieb der Flugzeugreifen und auf den Kraftfahrzeugverkehr im Flughafenbereich zurückgeführt.

Außerdem wurden im Abflußwasser deutlich erhöhte Mengen an gelösten Kohlenstoffverbindungen festgestellt. Der höchste Summenwert für alle diese Verbindungen betrug 919 mg/l und war damit weitaus höher als das Regenwasser, aus dem dieser Abfluß entstand. Insbesondere die oftmals krebserzeugenden polyzyklischen aromatischen Kohlenwasserstoffe (PAK) konnten in deutlich erhöhten Konzentrationen festgestellt werden, hiervon die höchsten bei den wohlklingenden Verbindungen Fluoranthen, Benzo(b)fluoranthen und Indeno(1,2,3-cd)pyren. Auch der Phenolindex, ein Summenparameter für Phenol und phenolartige Verbindungen, erhöhte sich gegenüber dem Niederschlagswasser signifikant.

Demzufolge ließen sich auch bei Bodenuntersuchungen erhöhte Schadstoffwerte feststellen. Für zahlreiche Verbindungen gilt, daß sie sich in den obersten Schichten (oft nur wenigen Zentimetern) des Bodens sammeln. Dies gilt vor allem für Stoffe, die als Feststoffe vorliegen oder sich an Feststoffe anlagern – wie z.B. Gummiabrieb oder die polyzyklischen aromatischen Kohlenwasserstoffe.

In den oberen drei Zentimetern nahe den Landebahnen wurden (beim Flughafen Frankfurt) so hohe Anreicherungen an den Schwermetallen Blei, Cadmium und Zink, bitumenartigen Stoffen und den PAK festgestellt, daß man diese Bodenschicht nahezu wie Sondermüll behandeln müßte – dies gilt jedoch beispielsweise ebenso und in noch viel stärkerem Maße für die Ränder von Autostraßen. Bei den Flughäfen ist die Bodenbelastung im Bereich der Aufsetzzonen besonders stark, beschränkt sich jedoch zumeist auf einen 0,5 m breiten Streifen, was dafür spricht, daß diese Stoffe weniger durch die Luft als durch den Wasserabfluß auf und in den Boden eingetragen werden.

Im Grundwasser in der Nähe des Flughafens Frankfurt können neben den deutlich erhöhten Werten an Ammonium, Nitrit und Nitrat auch erhöhte Konzentrationen an anderen Schadstoffen festgestellt werden – wenn auch nicht in solch einem eklatanten Ausmaß. So werden die in der Trinkwasserverordnung genannten Grenzwerte für Arsen, Blei, Cadmium, Chrom, Nickel und Quecksilber nicht erreicht. Allerdings ließ sich das Vorhandensein dieser Stoffe mit Ausnahme von Quecksilber im Grundwasser unter dem Flughafen nachweisen, ebenso wie andere Metalle.

Relativ gering – und zudem mit deutlich fallender Tendenz – ist die Belastung mit organischen Kohlenwasserstoffverbindungen im Grundwasser. Durch die filternde Wirkung des Bodens gelangen diese Verbindungen oftmals nicht bis ins Grundwasser, werden zuvor zersetzt oder reichern sich im Boden an. Die Gruppe der polyzyklischen aromatischen Kohlenwasserstoffe (PAK), insgesamt gibt es mehrere hundert Verbindungen dieser Art, wurde in der genannten Untersuchung nur an einigen als repräsentativ erachteten Verbindungen untersucht. Die Nachweisbarkeit der sechs unterschiedlichen Verbindungen bewegte sich zwischen 11 und 27 Prozent aller Grundwasserproben. Ein Wert von 90 Prozent wurde von dem besonders gut wasserlöslichen Fluoranthen erreicht (diese Verbindung gilt im Gegensatz zu zahlreichen anderen Verbindungen dieser chemischen Gruppe nicht als kanzerogen, also krebserregend).

Außerdem ließ sich selbstverständlich das gut wasserlösliche Diethylenglycol aus dem Auftaumittel „Hoechst 1678" nachweisen – es gehört zu den als „schwach wassergefährdend" eingestuften Stoffen und ist zudem als „nicht unbedenklicher Stoff" in die Giftklassen eingeordnet.

Boden- und Grundwasserschutz an Flughäfen ist notwendig

Schwirrt Ihnen jetzt in Anbetracht all dieser chemischen Verbindungen der Kopf?

Das ist bei einer solche Menge von Substanzen in Boden und Wasser nicht weiter verwunderlich und durchaus beabsichtigt – und doch handelt es sich nur um knappe Auszüge aus zwei umfangreicheren Untersuchungen. Es ist schon eher verwunderlich, daß in der Öffentlichkeit über diese Belastungen bisher eher wenig bekannt ist. Vor allen Dingen in der unmittelbaren Umgebung von Flugplätzen hätte sich aufgrund der nicht zu leugnenden Belastung von Boden und Grundwasser schon längst Widerstand regen müssen – dies geschieht bisher jedoch leider kaum. Es ist außerdem zu vermuten, daß den Flughafenbetreibern selber zumeist nur äußerst wenig über die Vorgänge unter ihren Flugfeldern bekannt ist.

Auch ist klar, daß die beiden oben aufgeführten Fallbeispiele durch unterschiedliche geologische Bedingungen, abweichende Anzahlen von Flugbewegungen etc. nicht ohne weiteres auf die Verhältnisse an anderen Flugplätzen übertragbar sind. Trotzdem wurden von den Autoren der Untersuchung am Flughafen Frankfurt allgemein folgende Belastungsstoffe als „Start- und Landebahn-spezifisch“ genannt: Ammonium, Nitrit, Nitrat, Calcium, Aluminium, Silicium, Cadmium und Zink. Zudem werden polyzyklische aromatische Kohlenwasserstoffe, Mineralölkohlenwasserstoffe sowie organische Verbindungen wie Diethylenglycol als spezifisch genannt. Das Vorhandensein dieser Stoffe auf Flugplätzen und -häfen ist demzufolge unvermeidbar.

In Frankfurt werden zusammenfassend das Vorkommen der Schadstoffe Nitrit, Ammonium und Diethylenglycol im Grundwasser als erhöht eingeordnet, das Vorkommen von Nitrat sogar als hoch. Bei der Übertragung dieser Ergebnisse auf andere Flugbetriebe muß vor allem die jeweilige Bodenbeschaffenheit berücksichtigt werden. So ist zu berücksichtigen, daß in Frankfurt der Grundwasserstrom in 10-13 Metern Tiefe fließt – es gibt jedoch auch Flughäfen mit wesentlich geringeren Grundwassertiefen. Da es sich hierbei um ein ganz entscheidendes Kriterium handelt, kann dort ein Einsickern und sogar Durchbrechen von Substanzen wesentlich schneller passieren. Kurz- und mittelfristige Minderungen der Grundwasser-Belastungen sind in solchen Fällen nicht möglich, da sich der Boden mit den Belastungsverbindungen angereichert hat. Das bedeutet, daß Maßnahmen, die heute ergriffen werden, erst in Jahren wirken können.

Nicht nur durch die Luft- und Lärmverpestung, sondern auch durch die Bodenvergiftung zeigt sich das Spannungsverhältnis zwischen Transport- bzw. „Verteidigungs“tätigkeit und Umweltschutz im Flugverkehr. Eine Minimierung des Flugbetriebs würde nur teilweise einen Erfolg bringen, und das auch nur dann, wenn z.B. an schnee- oder eisreichen Tagen der Flugbetrieb völlig eingestellt würde – um allein die Nitratbelastung einmal in den Vordergrund zu stellen. Es ist jedoch vor allem für zivile bzw. Wirtschaftsfliegerei unrealistisch, auf einen völligen Stopp von Flügen zu hoffen.

Als primäre, aktive Maßnahme sollte vor allem der Neueintrag absolut minimiert werden. Dies bedeutet beispielsweise beim Winterdienst, daß darauf hingewirkt wird, auf mechanische und, soweit möglich, auf abstumpfende Mittel zurückzugreifen. Die Flughäfen setzen ihre Hoffnung langfristig auf neuzuentwikkelnde Auftaustoffe, die das Grundwasser weniger belasten sollen – eine Methode, der durchaus mit Skepsis begegnet werden muß, da solche ausweichenden Maßnahmen oftmals nur eine Verlagerung von Umweltproblemen bedeuten.

Denkbar wären außerdem sekundäre bauliche Maßnahmen, z.B. wäre es möglich, über gesetzliche Maßnahmen vorzuschreiben, an den Landebahnen ein spezielles, geschlossenes Wasser-Auffangsystem und Drainage zu errichten, um den besonders stark belasteten Abfluß von der Landebahn aufzufangen und nicht ins Erdreich sickern zu lassen. An vorderster Stelle sollte jedoch auch hier ein Verhindern und Vermeiden von Belastungssituationen stehen.

Flughafenbau – notwendiges Übel oder unnötig wie ein Kropf?

Bei dem derzeitigen gewaltigen Wachstum des Flugverkehrs ist es nur allzu natürlich, daß die Flughafenbetreiber sich sputen, der galoppierenden Entwicklung nachzufolgen. Man beeilt sich, die eigenen Flughäfen zu vergrößern – wenn man nicht sogar versucht, ganz neue Großflughäfen zu bauen, wie es derzeit in München geschieht und in der Umgebung von Berlin und Hamburg versucht wird.

Aus der Sicht der Flughafenbetreiber ist dies auch notwendig, denn nicht wenige bundesdeutsche Flughäfen sind mittlerweile an ihrer Kapazitätsgrenze angelangt. Von der Planung bis zur Verwirklichung gehen bei Großprojekten im allgemeinen viele Jahre ins Land. Schlagzeilen machten in den vergangenen Jahren besonders die immer größer werdende Zahl von Flugverspätungen. Waren es 1986 noch rund 12 Prozent aller Flüge in Europa, die mit mehr als 15 Minuten Verspätung ankamen, so stieg diese Zahl bis 1989 auf schon 25 Prozent.

Für die größten deutschen Flughäfen seien hier einmal in alphabetischer Reihenfolge die derzeit mögliche Passagierkapazität, die Auslastung dieser Kapazität im Jahre 1989 sowie die für das Jahr 2000 erwartete Zahl an Passagieren angegeben:

Flughafen	derzeitige Passagierkapazität	Auslastung in 1989	erwartetes Passagieraufkom. im Jahr 2000
Berlin Tegel	5.800.000	103 %	25.000.000
Bremen	1.000.000	107 %	1.400.000
Dresden	400.000	85 %	1.000.000 bis 2.000.000
Düsseldorf	15.000.000	72 %	15.000.000
Frankfurt	27.000.000	99 %	37.800.000
Hamburg	7.000.000	90 %	10.000.000

Hannover	5.000.000	52 %	6.000.000
Köln/Bonn	6.000.000	47 %	7.800.000
Leipzig	1.000.000	45 %	1.000.000
München	11.000.000	92 %	16.000.000
Münster/Osnabrück	400.000	65 %	640.000 bis 1.100.000
Nürnberg	1.500.000	87 %	2.800.000
Saarbrücken	1.000.000	24 %	450.000
Stuttgart	4.000.000	95 %	6.200.000

Insgesamt läßt sich für diese Flughäfen also feststellen, daß derzeit eine Beförderungkapazität für 86,1 Mio. Personen zur Verfügung steht. Tatsächlich wurden 1989 72,8 Mio. Personen befördert, was einer Gesamtauslastung von 85 Prozent entspricht. Die derzeitigen Erwartungen für das Jahr 2000 liegen bei insgesamt rund 133 Mio. Passagieren und Passagierinnen.

Allen Flughafenbetreibern ist in den letzten Jahren deutlich geworden, wie extrem brisant der Neu- und Ausbau von Flughäfen ist. Man denke dabei nur an die dramatischen Konfrontationen um die Startbahn West des Frankfurter Flughafens sowie – in etwas abgeschwächter Form – an die regionalen Auseinandersetzungen um den Neubau des Münchener Flughafens im Erdinger Moos. Trotzdem versucht man, die Expansion allerorten als Sachzwang darzustellen.

Ausbau des Frankfurter Flughafens nötig?

Das in der Bundesrepublik bekannteste Beispiel für den Ausbau eines Flughafens und den Widerstand in der Bevölkerung dagegen ist der Bau der Startbahn West des Flughafens Frankfurt. In jahrelangen Auseinandersetzungen hierum wurde die Spirale der Gewalt auf beiden Seiten immer höher geschraubt, so daß die Konflikte sogar Menschenleben kosteten. Die umstrittene Startbahn West ist mittlerweile seit langem in Betrieb, ebenso wie die schon älteren beiden Start- und Landebahnen. Die Länge der Startbahn West beträgt vier Kilometer, sie wird durch insgesamt acht Kilometer Betonzaun geschützt. Es wurde eine 600 m breite Schneise in den Wald geschlagen, wofür rund 500.000 Bäume abgeholzt wurden. Die offiziellen Kostenangaben beliefen sich auf 224 Millionen Mark, hinzu kamen 60,8 Millionen DM aus dem Steuersäckel für Polizeieinsätze und ähnliches.

Bei der Flughafen Frankfurt Main AG verweist man offiziell darauf, daß es derzeit nicht geplant sei, eine weitere Start- bzw. Landebahn zu bauen. Vielmehr würde man gewaltige Summen in den Ausbau der „Passagierdienste“ stecken: Aus- und Neubau von Terminals und Flugsteigen. Ein besonderes „Schmankerl“ stellt das geplante „Passagiertransfersystem“ dar: eine Kabinenbahn in Magnettechnik, die den schnellen Transport von Terminal zu Terminal wie auch zur Bundesbahn ermöglichen soll. Zudem erweitert man Frachtanlagen und hat einen neuen Kontrollturm errichtet. Kostenpunkt der im Moment angepeilten Investitionen: 7,4 Milliarden DM.

Trotz der Dementis erfordert die rasante Zunahme der Flugzeugbewegungen in Frankfurt erhöhte Aufmerksamkeit. Die derzeitige Höchstkapazität des Bahnensystems liegt bei 64 Flugbewegungen pro Stunde. Mittels Einführung neuer Techniken hofft man bis Mitte der 90er Jahre diese Zahl auf gut 70 Bewegungen pro Stunde zu steigern. Dies wird jedoch kaum ausreichen, die enormen Steigerungsraten aufzufangen. Denn schon heute ist der Flughafen besonders in den Sommermonaten an seiner derzeitigen Kapazitätsgrenze angelangt, und die Nachfrage wird stärker ansteigen, als die Voraussetzungen zulassen werden. Schon von der Entwicklung in den vergangenen Jahren ist man hoffnungslos überrollt worden. So landeten bereits 1989 so viele Flugzeuge in Frankfurt, wie man noch 1985 für das Jahr 2000 prognostiziert hatte. Die derzeitigen Prognosen werden regelmäßig nach oben korrigiert. Während man noch vor kurzem pro Jahr 37,8 Millionen Passagiere als Zielvorgabe angab, so gibt man inzwischen 43 Millionen vor. Es kann kaum in Zweifel stehen, daß noch vor dem Jahre 2000 eine neue Start- und Landebahn in Planung gehen wird.

Unruhe in Münchens Norden – aber kein zweiter Fall »Startbahn West«

Das derzeit am meisten Aufsehen erregende Projekt ist jedoch der Neubau des Flughafens „München 2“. Dort entsteht ein

Großflughafen mit zwei Start- und Landebahnen für maximal 500 Starts und Landungen pro Tag sowie einem modernen Passagiersystem für 40.000 Passagiere täglich. Die Ausmaße des Geländes sind gigantisch: 2.000 Hektar Fläche wird der Flughafen insgesamt in Anspruch nehmen – die Größe von 2.500 Fußballplätzen. Die Inbetriebnahme ist für das Frühjahr 1992 geplant. Keine Frage, daß der vierjährige Baustopp zwischen 1981 und 1985 den Flughafenbetreiber erheblich schmerzte. Die geschätzten Kosten liegen bei 3,4 Milliarden DM.

Das Projekt hat weitreichende Folgen, nicht nur auf Natur und Umwelt. Das „P.M. Magazin" faßt dies in der Überschrift eines Artikels treffend zusammen: „Sie wollten einen Flugplatz bauen – jetzt bauen sie halb Oberbayern um" und stellt weiterhin fest: „Drei Jahre vor der Fertigstellung des Flughafens München 2 zeigt sich: Dieses Monstrum ist schon jetzt so lebendig, daß es kaum noch zu bändigen ist." Dieses Eigenleben hat dazu geführt, daß die 1981 durch ein Gerichtsurteil um ein Drittel reduzierte Fläche mittlerweile wieder auf die ursprüngliche Größe angewachsen ist.

Massive Eingriffe in die Landschaft nördlich von München bedeuten auch die Verkehrsanbindungen des Flughafens: eine Autobahnanbindung sowie zwei S-Bahnen werden zusätzlich für erhebliche Eingriffe in die Natur sorgen. Das vorwiegend ländliche Gebiet wird hierdurch völlig umgekrempelt. Die für den Bau des Flughafens nötige Grundwasserabsenkung um bis zu 3,50 Meter bedeutet für dieses wichtige Naturgebiet eine Katastrophe. Ein Dorf mußte hierfür weichen. Ob sich auf der dort gelegenen Zugvögel-Raststätte nach Inbetriebnahme noch so viele Vögel aufhalten werden wie Flugzeuge, erscheint fraglich. Neue Industrieansiedlungen kündigen sich bereits an, sämtliche bisher zur Verfügung stehenden Gewerbeflächen sind bereits vergeben, und trotzdem melden sich ständig weitere Kaufinteressenten. Arbeitskräfte werden angeworben, die gesamte Infrastruktur wird aufgebläht. Immerhin wurde kürzlich per Gerichtsbeschluß eine wesentlich schärfere Nachtflugbeschränkung eingefordert, als es die Flughafengesellschaft zunächst beabsichtigt hatte.

Aufgrund der unerwartet starken Zuwächse des Flugverkehrs in den vergangenen Jahren ist man bei der Flughafengesellschaft in München mittlerweile dazu übergegangen, noch vor der Eröffnung des neuen Flughafens über eine Erweiterung nachzudenken, da die zu schaffende Kapazität voraussichtlich nicht lange reichen wird. Welch eine absurde Situation ist es, einen Ausbau zu planen, bevor man überhaupt fertig gebaut hat! Wie es in der Region in zehn Jahren aussehen wird, ist im Moment noch nicht zu ahnen. So oder so, man wird es uns als Fortschritt verkaufen.

Hamburg – Kaltenkirchen – Büchen?

Etwas ähnliches scheint sich auch im hohen Norden der Republik anzubahnen. Der Flughafen Hamburg, im nördlichen Stadtgebiet der Millionenstadt gelegen, ist nicht mehr in dem Maße ausbaufähig, wie es nötig wäre, um den steigenden Flugzahlen auf Dauer gerecht zu werden. Schon seit langem ist als alternativer Standort das schleswig-holsteinische Kaltenkirchen im Gespräch – ähnlich dem Gebiet Erdinger Moos bei München ein recht strukturschwaches Gebiet.

Dieses Hamburger Projekt wurde im Jahre 1983 hochoffiziell fallengelassen, da sich massiver Widerstand geregt hatte. Das Planfeststellungsverfahren wurde gestoppt, allerdings behielt die Hamburger Flughafengesellschaft das bereits gekaufte Gelände im eigenen Besitz – mit Bedacht, wie sich jetzt zeigt.

In Hamburg brandet derzeit nämlich eine Diskussion durch alle politischen Ebenen, ob man diesen Flughafen nun doch bauen soll. Denn: mittlerweile stößt auch der alte und noch eher provinziell wirkende Hamburger Flughafen Fuhlsbüttel an seine Kapazitätsgrenzen. Man baut zwar derzeit mit einem Aufwand von 1,1 Milliarden DM neue Passagierterminals, doch Start- und Landebahnen lassen sich nicht mehr ergänzen. Also wird das alte Kaltenkirchener Projekt wieder herausgekramt und massiv in die lokale Presse lanciert. Allerdings ist man sich nicht so recht einig, denn es gibt auch Stimmen in der Politik, die lieber einen Großflughafen nach Büchen nahe der schleswig-holsteinischen/mecklenburgischen Grenze bauen würden – oder aber lieber ganz nach Mecklenburg-Vorpommern. Dies hätte für die Politiker sicherlich den Vorteil, daß man dort zum einen auf Menschen trifft, die im Widerstand gegen solche gigantischen Projekte nicht erfahren sind und die sich zum anderen mit den billigen Argumenten der Schaffung von Arbeitsplätzen leichter ihre Zustimmung abködern lassen.

Der Hamburger Erste Bürgermeister Voscherau – er favorisiert als Standort Büchen – geht derzeit von einem Planungszeitraum von 20 bis 25 Jahren für einen neuen Großflughafen aus, den er als unumgänglich betrachtet. Es stellt sich jedoch die Frage, ob man den bisherigen Flughafen Fuhlsbüttel dann gänzlich aufgeben wird, oder ob sich beide Flughäfen dann ergänzen sollen. Um die Fluglärm- und Abgas-geplagte Öffentlichkeit in Hamburg ruhigzustellen, gibt man bisher einen völligen Ersatz des 75 Jahre alten Fuhlsbütteler Flughafens als Absicht vor. Gerade aufgrund der im Moment begonnenen Milliarden-Investitionen erscheint dies durchaus fraglich zu sein.

Obendrein gab es in Hamburg kürzlich schon eine Flugplatz-Vergrößerung, die von der Öffentlichkeit nahezu unbemerkt über die Bühne ging: Die Firma MBB, die in Hamburg Airbus-Teile montiert, verlängerte die hauseigene Start- und Landebahn in Finkenwerder gleich um 400 Meter, damit die großen Transportflugzeuge vom Typ „Super Gupy“ bei jedem Wetter starten und landen können. Zudem will man in Hamburg die Endmontage einiger Airbus-Typen übernehmen, die dann gleich vom eigenen Flugplatz aus starten. Widerstand gegen diese Flugplatzerweiterung gab es in der Bevölkerung kaum. Lediglich die Hamburger Umweltbehörde erhob Bedenken, jedoch ohne nachhaltigen Erfolg.

Berlin mit neuer Freiheit über den Wolken

Kaum daß die Vereinigung der beiden deutschen Staaten sich anbahnte, wurde Berlin zum Zielpunkt einer enorm gestiegenen Anzahl von Flügen. Ein Jahr nach Öffnung der Mauer hat sich die Zahl der Flüge nach Berlin mit derzeit rund 450 täglich nahezu verdoppelt. Damit haben alle drei Berliner Flughäfen – Tempelhof, Tegel, Schönefeld – zusammen eine bei weitem nicht so große Kapazität wie der Frankfurter Flughafen allein. Bei der neuentstandenen Metropole Berlin ist jedoch schon ein neuer Flughafen im Gespräch: „Berlin International“ soll auf dem Gelände des russischen Militärflugplatzes Sperenberg an der südlichen Peripherie von Berlin entstehen. Auch Oranienburg im Norden von Berlin ist als Standort schon genannt worden, ebenso wie Königswusterhausen.

Der bisherige West-Berliner Passagierflughafen Tegel war 1990 im Sommer schon „übervoll", pro Jahr gab es rund sechs Millionen Passagiere. Der City-Flughafen Tempelhof ist seit einigen Jahren wieder in Betrieb, wird jedoch lediglich von Propellerflugzeugen angeflogen und ist derzeit Ziel von rund 50.000 Passagieren jährlich. Der Ost-Berliner Flughafen Schönefeld verfügt zwar über zwei Start- und Landebahnen und ließe hiermit einen wesentlich stärkeren Verkehr zu als die beiden anderen Flughäfen. Doch verfügt man in Schöneberg nicht über die nötigen Räumlichkeiten der Flughafengebäude und des Landebahnvorfeldes. 1989 brachte man es auf drei Millionen Passagiere.

Dabei hatte gerade der rot-grüne Senat vor der Vereinigung für bundesweites Aufsehen gesorgt, als er beschlossen hatte, in Berlin die Umweltbelastung durch den Flugverkehr zu reduzieren. In erster Linie zielten die beschlossenen Maßnahmen darauf ab, die Zahl der Flüge zu reduzieren, wobei man vor allen Dingen an die Lärmbelästigung gedacht hatte. Es war nämlich nachweisbar, daß im Laufe von drei Jahren die Anzahl der Flugbewegungen (und damit auch die Anzahl der Umweltbelästigungen) um 50 Prozent gestiegen war, während das Passagieraufkommen lediglich um 15 Prozent zugelegt hatte. Das bedeutet, daß immer mehr Flugzeuge flogen, die entweder schlechter ausgelastet waren (also nicht vollbesetzt) oder aber die kleiner waren.

Um dieser unsinnigen Entwicklung entgegenzuwirken, versuchte man – ein einmaliger Schritt in der Bundesrepublik –, die Anzahl der zugelassenen Flüge zu begrenzen und die Fluggesellschaften so zu weniger Flügen, allerdings mit größeren Maschinen zu bewegen. In der Koalitionsvereinbarung hatte der Senat sich verpflichtet, die Zahl der Flugbewegungen im Inlandsverkehr zumindest auf „den Stand des Sommerflugplans 1987 zurückzuführen". Auch wenn dieses Vorhaben nach einem Sturm der Entrüstung nicht gelang, so war im Winterflugplan 1989/90 immerhin eine 7prozentige Kürzung der Flugbewegungen durchgesetzt worden. Auch wenn dies nur ein geringer

Anteil war und zu Unzufriedenheit bei den ökologisch Engagierten führte, so ist der hier getroffene Ansatz doch gut und richtig. Die Durchsetzung einer neuen Luftverkehrspolitik in Berlin scheiterte vor allen Dingen am Widerstand der konservativen Bundespolitik und der Wirtschaft, später auch an dem nach der Öffnung der Grenzen einsetzenden Run auf die Stadt und letztendlich an der Abwahl des rot-grünen Senats.

So erscheint es derzeit unumgänglich, daß die Planungen für ein neues gigantisches Projekt anlaufen. An welchem Standort auch immer – es werden gewaltige Landschafts- und Naturzerstörungen angesteuert werden. Wenn die von den beiden großen deutschen Fluggesellschaften für die nächsten 10 bis 15 Jahre prognostizierten 20 bis 30 Millionen Fluggäste pro Jahr Wirklichkeit werden, wird nicht nur die Natur hierunter leiden, sondern auch der Mensch. Die bestehenden Flughäfen würden kurzfristig auf eine Kapazität von 18 Millionen Passagieren ausgebaut, mittelfristig auf 40 Millionen.

Bei solchen Aussichten kann man Berlin nur mehr „Zug" wünschen, dies erfordert jedoch viele Aktivitäten bei den Betroffenen. Will man das völlig unkontrollierte Ausufern des Flugverkehrs verhindern, ist gegen solche Flughafenprojekte entschiedener Widerstand von der ersten Planungsphase an geboten – nicht nur in Berlin.

Erweiterungen allerorten

Auch an anderen Standorten erweitert man: Von Bremen bis Stuttgart ist der Bau von Start- und Landebahnverlängerungen und neuen Passagierterminals an der Tagesordnung.

Eine zentrale Rolle kommt dabei dem Flughafen **Köln/Bonn** zu. Während man sich dort seit rund 15 Jahren darüber beklagte, daß der Airport nicht richtig genutzt wurde (Düsseldorf stellt eine starke Konkurrenz dar), hat man Mitte 1989 einen Kooperationsvertrag mit der Lufthansa geschlossen. Gerade die Lufthansa bekundet großes Interesse daran, Köln/Bonn zur „Europa-Drehscheibe" auszubauen. Konkret plant die Lufthansa, Köln/Bonn zum neuen Umsteigeknoten für Flüge von Süd- nach Nordeuropa zu machen. Außerdem wird von der Lufthansa-Tochter DLT ein Netz von Kurzstreckenverbindungen mit Turboprop-Flugzeugen aufgebaut und ein großes Wartungszentrum für die Maschinen errichtet.

Auch das bisherige Hauptstandbein des Flughafens Köln/Bonn, der Frachtflugverkehr, wird durch Baumaßnahmen erweitert. Lufthansa baut hier an einem „Luftfrachtzentrum West", das natürlich auch eine erhebliche Menge an LKW-Verkehr nach sich ziehen wird. Insgesamt ist also durch die massive Förderung des Flughafens Köln/Bonn durch die Lufthansa eine überdurchschnittliche Zunahme der Umweltbelastung zu erwarten. Ganz abgesehen davon bringen die für diese Erweiterungen beanspruchten Flächen erhebliche Probleme. So ist das Naturschutzgebiet Wahner Heide, eines der bedeutendsten und wertvollsten Naturschutzgebiete Nordrhein-Westfalens, durch diese Baumaßnahmen akut bedroht.

Bei den Planungen um die Verlängerung der Start- und Landebahn in **Stuttgart** war ein Rekord zu verzeichnen: Es gab 81.833 Einwendungen im Planfeststellungsverfahren mit der phantastischen Zahl von 433.875 Argumenten gegen die Planungen der Flughafenbetreiber. Doch diese Sammlung verhallte im Planfeststellungsverfahren im Nichts. Mittlerweile konnte vor den Gerichten zumindest ein zeitweiliger Aufschub der Baumaßnahmen erreicht werden. Der Widerstand gegen eine Vergrößerung des Stuttgarter Flughafens hat schon Tradition. Seit den Planungen um den Bau eines Mammutflughafens mit drei Landebahnen regt sich der Widerstand – schon 25 Jahre lang. Dieser wird hoffentlich auch nicht erlahmen, nachdem Ende des Jahres 1990 das Bundesverwaltungsgericht in letzter Instanz entschied, daß der Ausbau des Stuttgarter Flughafens rechtens sei. Es sind noch vor dem Verwaltungsgerichtshof Mannheim einige Verfahren anhängig, die jedoch nach dem grundlegenden Urteil von Berlin kaum noch eine Verhinderung des Projektes möglich erscheinen lassen. Die Flughafengesellschaft zielt derzeit darauf ab, den Sofortvollzug des Ausbaus genehmigt zu bekommen.

Der Preis dieser geplanten Vergrößerung ist allerdings hoch: 160 Hektar Land würden Flughafenvergrößerung und hierdurch nötige Verlegung einer Autobahn verschlingen. Allein für 34 Bauern würde dies das Aus bedeuten. Auch ein beliebtes „Naherholungsgebiet", wie Wald heute ja schon in unserer ständigen Suche nach Wortneuschöpfungen genannt wird, bleibt nicht unberührt: 1,2 Hektar der Weidacher Höhe würden verschwinden. Ob der frühere baden-württembergische Ministerpräsident Lothar Späth dieses Projekt so energisch vorantrieb, um mit dem bei ihm so beliebten „Concorde"-Überschalljet, dem Umweltfeind Nr. 1 unter den Flugzeugen, sozusagen direkt vor der Haustür landen zu können, war nicht in Erfahrung zu bringen...

In **Hannover-Langenhagen** geht es indessen 250 Jahre alten, in einem Feuchtgebiet stehenden Eichen an den Kragen. Für eine Verlängerung der Nordstartbahn von 2.700 auf 3.500 Meter muß der acht Hektar große Eichenwald weichen – und dies nur, um noch größeren Flugzeugen die Möglichkeit zu geben, in Langenhagen starten und landen zu können. Obwohl noch Klagen gegen die Abholzung des Waldes vor dem Oberverwaltungsgericht Lüneburg anhängig sind, wurde von der Bezirksregierung ein sofort vollziehbarer Planfeststellungsbeschluß erstellt, der dieses Waldgebiet beinhaltet.

Flughafenausbau auch in **Bremen**: die 2.000 Meter lange Start- und Landebahn soll an beiden Enden um jeweils 600 Meter verlängert werden – und hierdurch noch näher an Wohnsiedlungen heranrücken. Einziger hierfür angeführter Grund: das in Bremen ansässige Werk des Flugzeug- und Raketenbauers „Messerschmidt-Bölkow-Blohm" (MBB) will in Bremen die Tragflächen des Airbus A-340 produzieren. Da die Produktionsstätten der Airbusflugzeuggruppe kreuz und quer in Europa verteilt sind, müssen diese fertigproduzierten Flügel anschließend nach Frankreich transportiert werden – natürlich per Flugzeug. Die hierfür eingesetzten Mammut-Transportflugzeuge vom Typ „Super Gupy" benötigen diese längere Start- und Landepiste, um gegen alle Wetter gefeit zu sein. Die für den Ausbau nötigen 30 Mio. DM werden allein aus Steuergeldern finanziert und sind daher eine zusätzliche Subvention für den Bau des Airbus', in den ja schon etliche Steuermilliarden geflossen sind.

Vergrößerungen auch in **Nürnberg**: ein neues großes Parkhaus ist ebenso in Arbeit wie die Errichtung des neuen Passagierterminals West. In Nürnberg betont man jedoch, auch langfristig keine zweite Start- und Landebahn bauen zu wollen, da die Auslastung des Flugfeldes derzeit bei lediglich 15 Prozent liegt. Allerdings werden die ersten Schritte zu einer Anhebung dieser Rate mit Schwung vorangetrieben.

Der bisher noch eher provinzielle Flughafen **Münster/Osnabrück** mauserte sich in den vergangenen Jahren auch zunehmend zu einem beliebten Ausweichflughafen. Wer die umliegenden Großflughäfen meiden will, steigt in letzter Zeit zunehmend auf solche „Kleinen" um. In Münster/Osnabrück beginnt man, sich hierauf einzurichten: Trotz Golfkrieg und dem damit verbundenen Rückgang der Fluggäste (der in Münster/Osnabrück nicht so kraß ausfällt wie anderswo) wird Ende 1991 ein neuer Fluggastterminal gebaut – Kostenpunkt: 100 Mio. DM. Auch eine Reihe neuer Linienverbindungen werden nach wie vor angepeilt.

In der früheren DDR gibt man sich zurückhaltender. Die Airports in Dresden, Leipzig und Erfurt haben bisher noch keine allzu hochfliegenden Pläne entwickelt – was jedoch mit Sicherheit auf die Bewohnerinnen und Bewohner dieser Städte zukommen wird. Zusammen verfügen diese Flughäfen über eine Passagierkapazität von 1,5 Millionen. Im Jahr 1989 war diese zur Hälfte ausgenutzt.

Neues Manager-Hobby: Regionalflüge

Gerade in einer Zeit, in der sich die Verspätungen an den großen Flughäfen immer mehr häufen, weichen viele Geschäftsreisende immer häufiger auf den kleinen Flughafen vor der Haustür aus. Denn noch sind dort Warteschleifen, Parkplatznot und Abfertigungsschlangen weitgehend unbekannt. Da kann es kaum verwundern, daß man sich auf den kleineren Airports hierauf einzurichten beginnt. Ständig werden neue Fluglinien und -strecken aus der Taufe gehoben, wovon einige zwar wieder im Nichts verschwinden, jedoch die meisten es schaffen, sich zu arrivieren. Auf acht (Stand: 1989) dieser Regionalflughäfen wird regelmäßiger Streckenflugbetrieb durchgeführt, wovon einige auch schon ihr Ziel im Ausland haben.

Die meisten dieser Regionalflughäfen können sowohl bei den Flugbewegungszahlen als auch bei den Passagierzahlen jährlich zweistellige Zuwachszahlen erzielen – kein Wunder, daß dies auch Erweiterungen der Flughäfen nach sich zieht.

Die meisten Flugbewegungen gewerblicher Art registriert man momentan der Reihenfolge nach in Essen/Mülheim, Mönchengladbach, Egelsbach (in der Nähe von Frankfurt), Augsburg und Dortmund. Die meisten Passagiere werden in Dortmund, Friedrichshafen, Paderborn/Lippstadt, Essen/Mülheim und Mönchengladbach gezählt. Von 1980 bis 1989 gab es auf den Regionalflughäfen zusammen eine Steigerung um 42 Prozent der gewerblichen Flüge, die Passagierzahlen nahmen jedoch zugleich um 129 Prozent zu. Dies bedeutet einen Trend zu größeren Flugzeugen – die früher oder später größere Start- und Landebahnen erfordern werden.

Natürlich wird man gerade bei diesen Großen der Branche über Erweiterungen nachdenken – der zivile Flugverkehr wird derzeit immer mehr in die Fläche getragen. Auch und gerade die Liberalisierung des Luftverkehrs im Bereich der EG ab 1992 wird hier sicherlich einige neue Möglichkeiten für die Regionalflughäfen schaffen, so daß man sich für diesen Konkurrenzkampf rüsten wird.

In Bayreuth gibt es aktuelle Pläne für eine Startbahnverlängerung, da man „größeres Fluggerät" einsetzen will, in Friedrichshafen versuchen Flughafengegner seit langem, eine Ausweitung des Streckennetzes zu verhindern. Gerade die Nähe dieses Flugplatzes, der vor allem der Luft- und Raumfahrtfirma sowie Rüstungsgiganten Dornier dient, zum Stadtzentrum von Friedrichshafen bereitet hier Probleme – verhindert jedoch andererseits immerhin die Ausweitung. Neue, größere Abfertigungsgebäude sind gerade in Kiel und Paderborn/Lippstadt fertiggestellt. Die Liste ließe sich fortsetzen.

Umso erstaunlicher, daß hin und wieder auch ökologische Bedenken berücksichtigt werden. So geschehen Ende 1990 bei den Planungen der schleswig-holsteinischen Landesregierung, den bisherigen Militärflugplatz Rendsburg-Hohn in einen zivilen Regionalflughafen umzuwandeln. Dieser hätte in Schleswig-Holstein eine (Auto-) verkehrstechnisch günstige zentrale Lage gehabt. Nachdem in einem umfassenden ökologischen Gutachten höchste Bedenken gegen die geplante Erweiterung angemeldet wurden, ließ die Landesregierung das Projekt in den Schubladen verschwinden. Möglicherweise mag sie die gehörige Expansion des Flugbetriebes des Kieler Regionalflugplatzes bestärkt haben, keine zusätzliche Konkurrenz zu schaffen.

Wahrscheinlicher ist jedoch, daß in der Planungsphase für Rendsburg/Hohn ganz unerwartet die schon alte Diskussion um den Bau des Großflughafens Kaltenkirchen nördlich von Hamburg wieder auflebte. Ebenso wahrscheinlich ist, daß man solch ein Großprojekt in Schleswig- Holstein lieber sähe als einen neuen Regionalflughafen...

Flughafenneu- und -ausbauten: STOPP!

Aufgrund der zahlreichen, sich häufenden Umweltprobleme durch den Flugverkehr ist es nicht länger möglich, die Luftverkehrsindustrie und die Flughafenbetreiber als reine Wirtschaftsunternehmen zu betrachten, wie dies bisher von politischer und wirtschaftlicher Seite der Fall ist. Vielmehr muß das Flugzeug auch als Umweltzerstörer in Betracht gezogen werden – besonders unter dem Aspekt der Gefährdung des Erdklimas.

Daher sind die unablässigen Versuche, Flughäfen neu zu bauen bzw. vorhandene auszubauen, für die Umwelt gleich in mehrfacher Hinsicht fatal. Diese Bestrebungen sind entschieden abzulehnen – was ja oftmals auch durch Bürgerinitiativen vor Ort deutlich gemacht wird. Zu bedauern ist jedoch, daß diese Ablehnung oftmals vor allem mit der Lärmbelästigung begründet wird – ein globaleres Denken findet nur selten statt.

Und gerade in der Diskussion um Flughäfenausbauten ist dieser wichtige Hebel anzusetzen, denn jede Schaffung von neuen Kapazitäten im Luftverkehrsbereich zieht früher oder später auch eine Nutzung dieser Kapazitäten nach sich. Das Vermeiden oder auch nur Begrenzen solcher Expansionen bedeutet auf jeden Fall, einen Teil des gesamten Problemfeldes Flugverkehr an seiner Wurzel zu packen. Jede Begrenzung von Flughafenkapazitäten bildet schließlich eine „natürliche" Grenze des Anstiegs der Flugbewegungen.

EG-Deregulation als Katastrophe

Eine Grundvoraussetzung für die Expansionspläne der Flughäfen bildet die Liberalisierungspolitik in der EG. Unterlag der Flugverkehr über viele Jahre hinweg vor allem in Europa und in den USA strengsten staatlichen Regelungen, so soll sich dies ändern. In den USA wurde 1978 eine liberalere Politik beschlossen, die zunächst den nationalen Luftverkehrsmarkt allgemein öffnen sollte, später auch den internationalen. Bis 1984 wurden Restriktionen und Regulierungen aufgehoben, womit die Aufnahme oder Aufgabe von Fluglinien sowie die Preisgestaltung allein den Fluggesellschaften überlassen wird – wodurch sich die Konkurrenzsituation natürlich drastisch verschärft.

Ähnliches wird sich ab Anfang 1993 auch im Bereich der Europäischen Gemeinschaft ereignen. Jede Fluggesellschaft aus dem Bereich der EG darf dann beliebige Strecken in diesem Gebiet bedienen. Theoretisch darf dann also beispielsweise Lufthansa den Inlandsdienst in Spanien aufnehmen, British Airways innerhalb der Türkei fliegen oder Alitalia in der Bundesrepublik Inlandsflüge durchführen. Die Tarifgestaltung wird in die Hände der Fluggesellschaften gelegt und ist so nicht mehr an die Tarifstruktur der IATA (internationale Organisation der Luftfahrtgesellschaften) oder an bilaterale Verträge gebunden.

Es gibt keinen Zweifel darüber, daß das Luftverkehrsaufkommen innerhalb der EG dramatisch zunehmen wird. Durch den zunehmenden Wettbewerb wird jede Fluggesellschaft versuchen, möglichst viele Flugstrecken ertragreich bedienen zu können. Auch ist anzunehmen, daß mittelfristig mehrere Fluglinien „auf der Strecke" bleiben werden. Durch Fusionen wird sich das Hauptgeschehen auf immer weniger, aber immer größere Fluggesellschaften konzentrieren. Erfahrungen aus den USA bestätigen diese Prognose. In der gesamten Phase der Deregulierung wurden insgesamt 198 Fluggesellschaften für den Liniendienst zugelassen, wovon 140 jedoch wieder ausgeschieden sind. Auch von den 36 Linienfluggesellschaften, die es im Jahre 1978 bereits gab, existierten 1986 nur noch 17 – die anderen wurden geschluckt. Allein die fünf größten Fluggesellschaften vereinigen dort einen Marktanteil von 71 Prozent auf sich.

Es ist also fraglich, ob eine Deregulierung des Luftverkehrs tatsächlich mehr Markt schafft – wie in der EG immer angekündigt wird. Mittel- und langfristig ist eher eine Monopolisierung zu erwarten. Fatal ist ebenso, daß eine solche Maßnahme ergriffen wird, noch bevor man sich Gedanken über eine allgemeine Verkehrskonzeption gemacht hat. Nicht einmal nationale Verkehrskonzepte bestehen derzeit – wie soll dies dann aber international erst aussehen?

Eine Deregulierung mit dem Setzen von Obergrenzen ist durchaus denkbar. Dies könnte die Masse der Fliegerei auf ein zumindest etwas verträglicheres Maß begrenzen und würde die Konkurrenzsituation zudem etwas entschärfen. Für Mensch und Umwelt ist es jedenfalls höchst gefährlich, daß man sich auf solche begrenzenden Regelungen nicht hat einigen können und den Flugzeugmarkt völlig sich selbst und wilden Wucherungen überläßt.

Die Lufthansa – Bösewicht oder einer von vielen?

Die Deutsche Lufthansa AG als Wirtschaftsfaktor

In der Bundesrepublik wird das Luftfahrtgeschehen vor allem von der Deutschen Lufthansa AG beherrscht. Aus diesem Grunde werden im Folgenden die Struktur und einige wirtschaftliche Aspekte des gesamten Konzerns näher beleuchtet.

Die Struktur der Lufthansa hat sich in den letzten Jahren gewandelt. So wurde das Stammkapital der Deutschen Lufthansa AG von 900 Mio. DM auf 1206,5 Mio. DM erhöht. Auch wurden einige Beteiligungen an Tochterfirmen in die Lufthansa-eigene Lufthansa Commercial Holding GmbH überführt. Durch eine grundlegende Organisationsänderung wurde versucht, Verkauf und Marketing zu flexibilisieren – was der sich weiter liberalisierende Markt erfordert.

Die Aktien der Lufthansa werden zur Zeit im einzelnen gehalten von:

▶ Bundesrepublik Deutschland	65,03 %
▶ Privataktionäre	20,98 %
▶ Bayerische Landesbank	5,31 %
▶ Hessische Landesbank	2,26 %
▶ Kreditanstalt für Wiederaufbau	2,24 %
▶ Land Nordrhein-Westfalen	2,24 %
▶ Deutsche Bundespost	1,31 %
▶ Deutsche Bundesbahn	0,63 %

Bei der Kapitalerhöhung im Jahre 1987 wurde der Anteil der Privataktionäre deutlich erhöht. Auch schaffte die Bayerische Landesbank noch rechtzeitig den Absprung in das erhoffte große Fluggeschäft, ebenso wie die Hessische Landesbank. Den einen oder anderen wird es verwundern, daß die überschuldete Bundesbahn sich finanziell mit über 7 Mio. DM an einem ihrer ärgsten Konkurrenten beteiligt, mit einem sehr geringen Anteil zwar, dem kaum Gewicht beigemessen werden kann, aber immerhin.

Die Tochtergesellschaften, an denen die Lufthansa beteiligt ist, beschäftigen sich in erster Linie mit dem Transportsektor, Reise und Touristik, Versicherungen, Kommunikation, technische Dienste am Flugzeug sowie Beratung und Marketing. Die größten der 100prozentigen Lufthansa-Tochterfirmen sind:

▶ Lufthansa Hotel-Gesellschaft	50 Mio. DM
▶ Lufthansa Commercial Holding GmbH	27 Mio. DM
▶ Condor Flugdienst GmbH	10 Mio. DM
▶ Delvag Luftfahrtversicherungs-AG	8 Mio. DM
▶ Lufthansa Service GmbH	2 Mio. DM
▶ German Cargo Services GmbH	1,5 Mio. DM
▶ Lufthansa International Finance N.V	100000 HFL

Bemerkenswert ist die am 27. Dezember 1973 gegründete Lufthansa Commercial Holding GmbH (LCH), in der Kapitalanteile an dritten Firmen verwaltet werden, wie z.B. Hapag-Lloyd, DER (Deutsches Reisebüro) oder AVIS Autovermietung. Die Firma mit 27 Millionen DM Stammkapital kann auf einen stolzen Personalstand von 10 Angestellten verweisen. Im Jahre 1988 konnte immerhin ein Gewinn von 5,4 Mio. DM an die Lufthansa abgeführt werden bei einem insgesamt erzielten Ertrag von 56 Mio. DM. Die hundertprozentige Lufthansa-Tochter Lufthansa Hotel Gesellschaft (LHG) hat bei dem Stammkapital von 50 Mio. DM immerhin 9 Angestellte.

Der gesamte Lufthansa-Konzern hatte im Jahr 1988 weltweit 46.526 Mitarbeitende, die meisten davon mit 40.600 Mitarbeitenden in der Muttergesellschaft Deutsche Lufthansa AG. Darauf folgen die „LSG Lufthansa Service GmbH“ mit 4.100 sowie die „CFG – Condor Flugdienst GmbH“ mit 1.400 Mitarbeitenden.

Halbe Sachen mag man bei der Lufthansa offenbar nicht gern. So hat sich die Lufthansa Service GmbH (LSG) im Jahre 1990 an die zweite Stelle der westdeutschen Gastronomieunternehmen geschoben – was den Umsatz anbelangt. Mit einer Summe von rund einer Milliarde Mark wurde man nur noch vom „Feinschmeckerrestaurant“ McDonald’s übertroffen. Die Gäste der Lufthansa verzehren mittlerweile mehr als die Autofahrer-Konkurrenz der Autobahn-Raststätten-Kette.

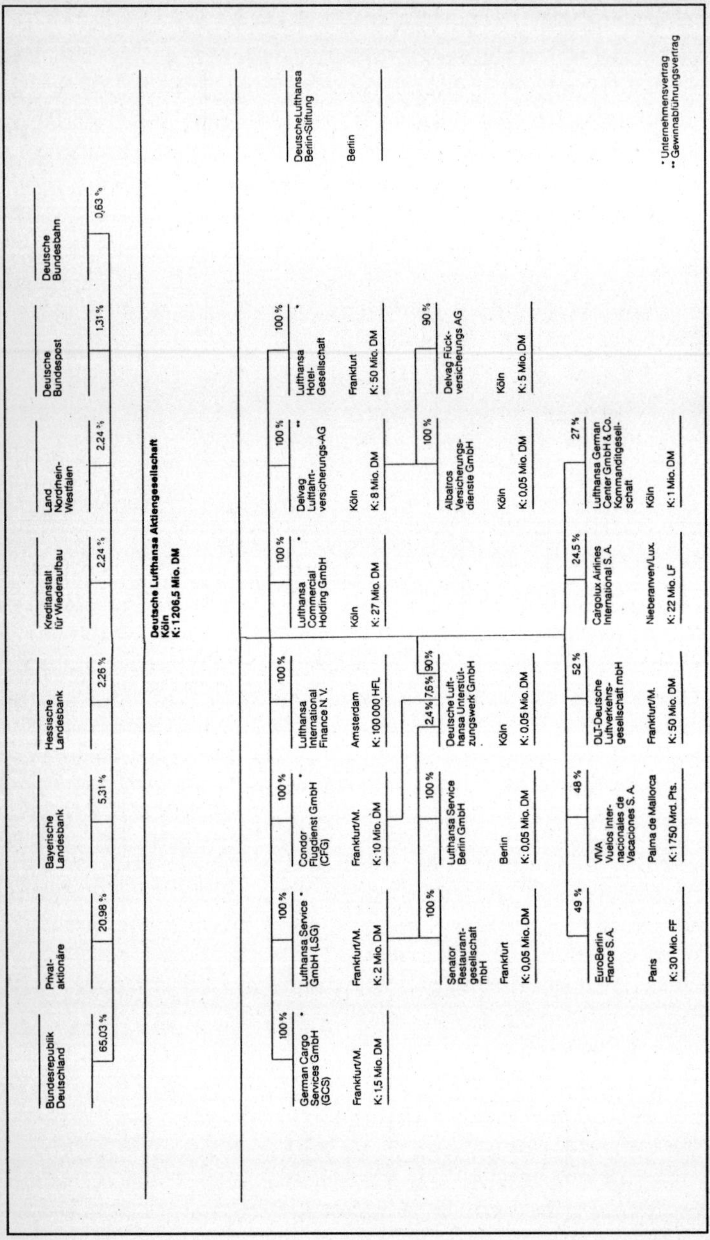

Abb. 13: Struktur des Lufthansa-Konzerns. Merke: Bei Lufthansa fliegt man nicht nur.

Sicherlich ist die Lufthansa von der Wirtschaftsmacht her nicht zu vergleichen mit anderen gigantischen Konzernen wie Daimler Benz, jedoch hat man mit der Zeit eine ansehnliche Anzahl von Beteiligungen angesammelt, die mehr und mehr zu einem weltumspannenden Netz werden. So ist man, direkt oder indirekt, an Unternehmen in Amsterdam, Paris, Palma de Mallorca, Luxemburg, Caracas, New York, Madrid, Salzburg, Brüssel, Bangkok, Annapolis (USA), Washington, Los Angeles, Anchorage, Taarnby (Dänemark), San Francisco, Singapur, Lagos, Mexiko und London beteiligt.

Für die kommenden Jahre plant die Lufthansa eine weitere, kräftige Expansion. Dabei kommt ihr das überraschende Ende der ehemaligen DDR-Fluggesellschaft Interflug sehr gelegen. Zeigte sich die Lufthansa zunächst an einer Übernahme der Interflug interessiert, so rückte sie später davon ab: Die Sanierung des Unternehmens und die wahrscheinliche Entlassung von über 2.000 der 3.300 Interflug-Beschäftigten erschienen ihr offensichtlich zu brisant und teuer. So sorgte die Treuhandanstalt für die rasche Auflösung der Interflug – reichlich überstürzt, wie sie später selbst einräumte. Über eine Einflußnahme der Lufthansa auf diese Entscheidung kann nur spekuliert werden. Jedenfalls konnte die Lufthansa kein Interesse daran haben, daß die Interflug von einer dritten Fluggesellschaft aufgekauft würde. Profitabler ist es für die Lufthansa allemal, sich aus der Konkursmasse die attraktivsten Häppchen herauszufischen, so beispielsweise die modernen Teile der Flugzeugflotte, einige rentable Strecken oder einige Fachkräfte des Personals.

Im Aufsichtsrat der Lufthansa AG – also als Kontroll-Vertreter der Anteilseigner – sitzen neben den Arbeitnehmervertretern (darunter die Vorsitzende der Gewerkschaft ÖTV, Dr. Monika Wulf-Mathies, sowie der Vorsitzende der DAG, Roland Issen) Personen von folgenden Institutionen:

- Deutsche Bank
- Landesbank Schleswig-Holstein
- Kreditanstalt für Wiederaufbau
- Bundesministerium für Verkehr
- Bundesministerium für Wirtschaft
- das Land Nordrhein-Westfalen in Person des Ministerpräsidenten
- Freistaat Bayern in Person des Ministerpräsidenten

- das Land Hessen in Person des Ministerpräsidenten
- sowie ein pensionierter Staatssekretär.

Diese Versammlung mag ein wenig an eine Bundesrats-Versammlung erinnern: Es scheint „schick“ zu sein, im Aufsichtsrat der Lufthansa zu sein. Auch der Altbundeskanzler Helmut Schmidt (SPD) engagiert sich seit Anfang 1991 für den Flugzeugverkehr: Er ließ sich zum „Ehrenvorsitzenden“ des Aufsichtsrates des Flughafens Hamburg-Fuhlsbüttel ernennen.

Weltweit zählt die Lufthansa zu den Flug-Giganten

In einem weltweiten Vergleich ist die Lufthansa zu den Großen der Branche zu zählen. Mit (jeweils im Jahre 1988) 17,8 Mio. beförderter Personen im gesamten Linienflugverkehr wurde man weltweit nur von den amerikanischen Fluggesellschaften American, United, Continental, Eastern und TWA sowie von British Airways und JAL (Japan) übertroffen. Insgesamt wurden 34,0 Milliarden Personenkilometer abgewickelt (weltweit Platz 10 hinter United, American, Continental, British Airways, TWA, JAL, PanAm, Eastern und Air France).

Auch beim Gütertransportwesen hält Lufthansa mit: Es wurden im Linienverkehr 10,3 Mio. Tonnen Güter transportiert und insgesamt 6,9 Milliarden Tonnenkilometer bewältigt. Diese Ergebnisse bedeuten die Plätze sieben (hinter American, United, Continental, JAL, British Airways und TWA) bzw. fünf (hinter United, American, JAL und British Airways) in der Weltstatistik.

Selbstverständlich ist man in der Konkurrenzsituation ständig bemüht, diese schon sehr günstige Marktsituation auszubauen. So ist man dabei, das eigene Streckennetz auszubauen (Mitte 1989 flog man 174 Ziele in 85 Ländern regelmäßig an). Auch die Flugzeugflotte der Lufthansa wird ständig erneuert und erweitert. Die Mitte 1989 eingesetzten 137 Flugzeuge setzten sich zusammen aus verschiedenen Einzeltypen der Boeing 737 (58), Boeing 747 (25), Boeing 727 (24), Airbus A310 (12), Douglas DC 10 (11) und Airbus A300 (7).

Bis Mitte 1994 sind darüber hinaus 94 weitere Flugzeuge bei den Herstellern in Auftrag gegeben, ausschließlich bei Airbus und Boeing, auf 84 weitere Flieger besteht eine Lieferoption.

Wie groß die gesamte Flotte der Lufthansa 1994 sein wird, läßt sich noch nicht abschließend sagen, da noch offen ist, wieviele der alten Flugzeuge an andere Fluggesellschaften verkauft werden. Voraussichtlich wird die Flottengröße mittelfristig jedoch weiter zunehmen – wenn die Krisenanzeichen, die mit dem Golfkrieg zusammenhängen, überwunden sind. Neben der Lufthansa betreibt die Tochter-Charterfluggesellschaft Condor weitere 20 Flugzeuge.

Golfkrieg: Lufthansas Absturz in die Krise?

Mitten in die schönsten Zuwachsraten-Pläne hinein platzte Anfang 1991 der Krieg am Golf. Genauso wie sämtliche anderen Fluggesellschaften hat auch die Deutsche Lufthansa dramatische Rückgänge der Passagierzahlen zu verzeichnen. Während der Kriegswochen sank auf den Europa-Strecken die Zahl der Passagiere um ein Drittel, Nordatlantik-Flüge fanden mit fast leeren Maschinen statt, die gesamte Region im Nahen Osten wurde von der Lufthansa bis zum Ende des Krieges nicht mehr bedient. Die gesamte Auslastung der Passagierflugzeuge sank von rund 65 Prozent auf nur 40 Prozent.

Gewaltige und in diesem Ausmaß unvorhersehbare finanzielle Einbußen waren die Folge, so daß bei der Lufthansa eine Krisensitzung die nächste jagte. Schon war die Rede von der Stillegung einiger Jets und von Kurzarbeit zahlreicher Mitarbeiter. Die Flugpläne wurden erheblich ausgedünnt (was zeigt, daß sowieso schon viele überflüssige Flüge stattfinden), größere Maschinen durch kleinere ersetzt. Auf dem Aktienmarkt erreichten die Lufthansa-Wertpapiere seit langem nicht gekannte Tiefststände.

Grund für den Rückgang war vor allem die weltweite Angst vor Terroranschlägen. Private Flugkunden wichen auf andere Verkehrsmittel aus, und viele verzichteten auf Urlaubsflüge, was vor allem den Charterverkehr belastete. Aber auch sehr viele Geschäftsreisende (und gerade sie machen im Linienverkehr der Lufthansa einen sehr großen Anteil aus) verzichteten auf Flüge sowohl im Inland wie auch ins Ausland, oftmals geschah dies sogar auf Weisung der Firmenleitungen, die Angst um ihre Mitarbeiter hatten. Dies alles bewirkte eine echte Krise in der internationalen Luftfahrt. Da war es schon absurd, daß die Lufthansa in einer Zeit, in der Flugzeuge wegen mangelnder Auslastung stillgelegt werden, enorme Geldsummen aufbringen mußte, um die seit langem bestellten neuen Maschinen zu bezahlen.

Dies alles zeigt deutlich die enormen Unwägbarkeiten, mit denen das Luftfahrtgeschäft verbunden ist. Andererseits kann kaum ein Zweifel darüber bestehen, daß sich die weitaus meisten Fluggesellschaften erholen werden, nachdem der grausame Krieg am Golf beendet ist. Kurz nach Kriegsende (bei Redaktionsschluß dieses Buches) zeigte sich sogar ein gewisser Nachholbedarf an Flügen (z.B. Urlaubsflüge). Voraussichtlich wird also auch der Golfkrieg nur ein Intermezzo und eine zeitweilige Unterbrechung im allgemeinen Aufwärtstrend des Flugverkehrs bleiben.

Die schreckliche Ironie dieser Ereignisse zeigt jedoch: Es geht auch mit weniger Fliegen. In einer extremen Situation wie der massiven Angst vor Terrorismus während des Krieges ist man auf vielen Seiten sofort und ohne Probleme bereit, auf das Flugzeug zu verzichten, das man sonst immer als völlig unumgänglich dargestellt hat. Und man bemerkt: Geschäftsbeziehungen brechen nicht zusammen, Urlaub wird trotzdem gemacht (und sicher auch als schön empfunden). Vielleicht für verschiedene Seiten – auch für die Lufthansa – eine Lehre für „die Zeit danach"?

Lufthansa und die Umwelt

Wie zahllose andere Wirtschaftsunternehmen hat auch die Deutsche Lufthansa AG mittlerweile ihre Liebe zur Natur entdeckt. In ganzseitigen Zeitschriftsanzeigen wird beschrieben, wie ausführlich man sich doch Sorgen um unsere Umwelt mache. Es fehlt nicht an Beteuerungen, alles nur Erdenkliche zum Schutz der Umwelt zu tun. Auch, was Auseinandersetzungen mit Umweltschützern betrifft, hat man aus den Lehren vieler anderer Industriezweige (z.B. Autoindustrie, Elektrizitätswirtschaft, Chemische Industrie) gelernt und versucht rechtzeitig vorzusorgen, noch bevor man selber allzu heftig ins Kreuzfeuer der Kritik gerät.

So wurde im Juni 1989 – die Umweltschutzorganisation ROBIN WOOD zerrte zu dieser Zeit mit Aktionen und Informationskampagnen erstmals die große Gefährdung der Erdatmosphäre durch den Luftverkehr in eine breite Öffentlichkeit – erstmals ein Beauftragter für Umweltfragen eingesetzt, der sich mittels Veröffentlichungen und Pressearbeit mit den Umweltproblemen durch Flugzeuge zu beschäftigen hat. Wiederholt wurden Artikel veröffentlicht, die flugzeugfreundliche Zeitschrift „Flug Revue" nahm die abwiegelnden Dienste des Umweltbeauftragten zuweilen gern in Anspruch. Auch dauerte es nicht lange, bis die Lufthansa – noch im Vorgriff auf nicht zu vermeidende politische Entscheidungen und auf immer drängender werdende Fragen aus der Bevölkerung – eine hübsche Broschüre veröffentlichte: „Lufthansa Informationen: Zur Umwelt".

Auf 64 Seiten werden mit mehr Bildern als Worten einige der Umweltprobleme dargestellt, in ihrer Brisanz gemildert und die eigene Firma ob ihrer Maßnahmen gelobt. Kurz: der unbedarfte Leser kann nur einen äußerst positiven Eindruck gewinnen – schließlich kann umfassendes Fachwissen um die oft vielschichtigen und teilweise nicht einmal vollends von Wissenschaftlern durchschauten Vorgänge in der Umwelt nicht vorausgesetzt werden.

Und tatsächlich: es kann nicht geleugnet werden, daß sich die Lufthansa teilweise erhebliche Mühe gibt, den vorhandenen Flugverkehr mit technischen Mitteln einigermaßen umweltverträglich zu gestalten. So gibt man sich bei der Lufthansa mehr als bei vielen anderen Fluggesellschaften Mühe, relativ neue Jets einzusetzen, die lärmärmer sind und auch in Teilbereichen (Kohlenmonoxid, Ruß, unverbrannte Kohlenwasserstoffe) niedrigere Emissionen haben.

Bei vielen Instandhaltungs- und Wartungsmaßnahmen am Boden hat die Lufthansa sich – wenn auch teilweise erst sehr spät – um weniger umweltschädliche Verfahren bemüht. So hat ein von der Lufthansa entwickeltes Verfahren zum Entfernen von Flugzeuglack (eine Erneuerung ist im Schnitt alle acht Jahre notwendig) mittels eines Hochdruckwasserstrahls schon weltweit für erhebliches Aufsehen gesorgt, denn schließlich arbeitet dieses „Aquastripping" ohne jeglichen Einsatz von Lösungsmitteln.

Doch trotzdem hat man bei der Lufthansa keine weiße Weste. Denn schon allein das Firmenziel eines möglichst großen und steigenden Transportaufkommens widerspricht zahlreichen, heute unumgänglichen Zielvorstellungen des Umweltschutzes. Vor allen Dingen den Gefahren für das Weltklima verschließt man sich bei der Lufthansa bisher weitestgehend. Man setzt zwar gern relativ verbrauchsgünstige Flugzeuge wie z.B. die Airbus-Reihe ein, doch dies macht diese Flugzeugtypen zwar etwas „besser", jedoch noch lange nicht „gut".

Man geht bei Lufthansa in Veröffentlichungen sogar soweit, überhaupt in Frage zu stellen, ob der weltweit gefürchtete Treibhauseffekt denn tatsächlich vorhanden ist. Zitat aus der besagten Broschüre: „Noch streiten sich die Wissenschaftler: 'Wird es in den nächsten Jahrzehnten wärmer werden auf der Erde, und wenn ja, um wieviel Grad?'"

Auch den Erkenntnissen um die Klimagefährdungen durch Wasserdampf in großen Höhen begegnet man mit einer rhetorischen Frage: „Kann denn Wasser Schadstoff sein?", um im Folgenden auszuführen, daß hierüber doch bisher noch gar keine genauen wissenschaftlichen Erkenntnisse vorliegen würden (was die Lufthansa-Autoren andererseits nicht in ihrer Begeisterung für den Wasserstoffantrieb bremst).

Mit einem Seitenhieb auf Umweltschutzgruppen, die fordern, den Flugverkehr nur in Höhen abzuwickeln, in denen keine Kondensstreifen entstehen, verweist man darauf, daß zunächst erforscht werden müsse, ob der dann entstehende Mehrverbrauch von 6 bis 8 Prozent zu rechtfertigen sei. Schließlich würde dieser Mehrverbrauch für einen im gleichen Maßstab steigenden Kohlendioxidausstoß sorgen. Also wolle man zunächst Untersuchungen von Wissenschaftlern abwarten – und vor allem erst einmal weitermachen wie bisher.

Wie schon in dem Kapitel über die Klimagefahren des Flugverkehrs ausgeführt, gibt es hierüber jedoch keinen ernsthaften Zweifel mehr. In der Fachliteratur wird derzeit davon ausgegangen, daß in den normalen Flughöhen ein Wassermolekül zehnmal treibhauswirksamer ist als CO_2-Moleküle. Dies weiß man ohne Zweifel auch bei der Lufthansa. So gesehen ist es eine Milchmädchenrechnung, die aufgetan wird. Eine gänzliche Vermeidung des einen, sehr stark wirkenden Treibhausgases (Wasserdampf in großen Höhen) mit der Begründung umgehen zu wollen, daß ein anderes, wesentlich schwächer wirkendes Treibhausgas um 6 bis 8 Prozent erhöht werden würde, kann nicht der Weisheit letzter Schluß sein.

Solch einer törichten Argumentation kann man letztendlich nur noch entgegnen: In gewissem Sinne hat die Deutsche Lufthansa ja vollkommen recht! Eine Erhöhung des CO_2-Ausstoßes um 6 bis 8 Prozent ist in der derzeitigen Situation tatsächlich nicht zu rechtfertigen. Daher sollte sie es anstreben, diese Flugzeuge gar nicht erst starten zu lassen und sich wesentlich mehr auf das Eisenbahngeschäft (der Lufthansa Airport-Express fährt bereits auf mehreren Strecken) zu konzentrieren. Wenn kein Lufthansa-Jet mit einer geringeren Flugentfernung als 1.000 km mehr startet, dann ist auf diesem Gebiet schon ein wenig erreicht. Immerhin bekundet man in der Öffentlichkeit, verstärkt mit der Deutschen Bundesbahn zusammenarbeiten zu wollen – scheut sich jedoch keineswegs, immer weitere Kurzstrecken in Betrieb zu nehmen. Erst kürzlich nahm man den regelmäßigen Flugbetrieb zwischen München und Stuttgart wieder auf (Entfernung rund 200 km)...

Robin-Wood-Aktion 1989 am Hamburger Flughafen. (Foto: H. Bartels)

Mit der Offensive auf dem Informationsmarkt zum Themenbereich Umwelt beschreitet die Lufthansa einen von anderen Wirtschaftszweigen bisher zumeist verschlafenen Weg. Auch halten andere Fluggesellschaften hier bisher kaum Schritt. Dies mag ebenso wie die Teilnahme an diversen Tagungen zum Thema auf eine Diskussionsbereitschaft bei der Lufthansa hinweisen – immerhin! Solange man jedoch viele Gefahren herunterzuspielen versucht oder bei ganz entscheidenden Problemen wie die weltweiten Klimaänderungen immer weiter auf Forschungsbedarf verweist und davon ausgeht, bis zum Vorliegen endgültiger Ergebnisse weitermachen zu dürfen wie bisher, solange man bei der Lufthansa diesen Weg eingeschlagen hat, ist eine tatsächliche Besserung nicht zu erwarten.

Andererseits steht außer Frage, daß die zum Schutz der Umwelt weltweit für den Flugverkehr anzustrebenden Maßnahmen auch einem großen Wirtschaftsunternehmen wie der Lufthansa wehtun werden. Denn: mit welchen technischen Mitteln auch immer diese Probleme angepackt werden, es entstehen im Umkehrschluß gleich wieder neue Probleme (Beispiel: die Verbesserung der früheren Antriebe war verbunden mit der Erhöhung der Stickoxidemissionen, die derzeitige Entwicklung neuer Wasserstoffantriebe gefährdet das Erdklima durch Stickoxide und Wasserdampf). Dies kann bis zum Nachweis jeglicher Umweltunschädlichkeit neuer Technologien nur bedeuten, daß lediglich eine Reduzierung bzw. ein Verzicht auf viele Flüge unsere Umweltprobleme begrenzen kann.

Die Lufthansa streitet nicht ab, daß die Eisenbahn dem Flugzeug gegenüber auf diverse Vorteile verweisen kann: „Von Innenstadt zu Innenstadt ist die Bahn dem Flugzeug oft überlegen: billiger, umweltfreundlicher und in den meisten Fällen schon jetzt schneller oder beinahe ebenso schnell.“ So wecken Entwicklungen bei der Lufthansa auch Hoffnungen: Man setzt selber auch auf die Bahn. Seit 1982 verkehrt ein Airport-Express der Lufthansa zwischen Frankfurt-Köln-Bonn-Düsseldorf (wird bald bis Essen fahren) und seit kurzem auch zwischen Frankfurt und Stuttgart. Man kann die Lufthansa nur ermuntern, auf diesem Wege weiterzumachen und auf den Boden zurückzukehren.

Interessant ist in diesem Zusammenhang auch die Tatsache, daß selbst nach Lufthansa-Berechnungen die Eisenbahn billiger ist als das Flugzeug. So ist die Strecke Frankfurt-Köln/Bonn mit dem Flugzeug um 34 Prozent teurer zu bedienen als per Zug. Daher sieht die Lufthansa die eigenen Züge für den Verkehr über relativ kurze Strecken auch als „einzige" Alternative zum Flugzeug, wenn es um fluggastbegleitende Gepäckbeförderung, Aufnahme in das Reservierungssystem der Lufthansa und einheitliches Design geht.

Wenn man diese Alternative nun aber schon so deutlich sieht, ist es verwunderlich, daß man nicht versucht, noch mehr Fluggäste zum „Fliegen auf Höhe Null" (womit die Lufthansa die eigenen Züge gern schmackhaft machen will) zu animieren und bisher nur im Einzelfall eine solche Alternative sieht. Dies wird abhängig gemacht von den Anbindungen der Bahn an die Flughäfen, wobei nach der Erwartung der Lufthansa allerdings die Bundesbahn hierfür die Verkehrswege bauen sollte.

Aber diese Sympathie der Lufthansa für die Bahn legt auch eine fatale Vermutung nahe: Der jahrelang explosionsförmig ansteigende Luftverkehr macht langsam aber sicher die Flughäfen „dicht". Besonders in der Hochsaison im Sommer sind einige Flughäfen schon überlastet, es gibt Fälle, in denen Anträge auf eine Start- und Landeerlaubnis nicht genehmigt werden konnten. Gerade mit Blick auf die Prognosen, daß bis zur Jahrtausendwende der Flugverkehr sich noch einmal verdoppeln soll, scheint man bei Lufthansa zur Selbsthilfe zu greifen und sich selbst den Raum für die einträglicheren Starts und Landungen für Langstreckenflüge zu schaffen. Man will also weg von den kurzen „Hüpfern". Dies käme jedoch den Umweltschutzbemühungen keineswegs entgegen, denn dies würde bedeuten, daß noch mehr Flüge in größerer Höhen stattfänden, eine noch größere Gefährdung der Erdatmosphäre.

Nur fliegen ist schöner als Tschernobyl...

...ist eine sicherlich (absichtlich) übertriebene Darstellung. Aber für Fluggäste ist es sicherlich interessant zu erfahren, daß Fliegen grundsätzlich auch immer mit einer Strahlenbelastung verbunden ist. Den meisten ist nicht bekannt, daß man sich insbesondere auf Langstreckenflügen (die in die größten Höhen gehen) einer recht massiven Strahlenbelastung vor allem durch die natürlich vorhandene Höhenstrahlung aussetzt. Natürlich bedeuten auch Kurzstreckenflüge eine Erhöhung der normalen Strahlenbelastung. Für das Flugpersonal und auch für Vielflieger ist die so aufgenommene Gesamtbelastung erheblich. Sie liegt für diese Personengruppen um ein Vielfaches höher als die allgemein durch den Reaktorunfall in Tschernobyl in der Bundesrepublik zusätzlich aufgenommene Strahlendosis.

Bei dem Thema des Buches handelt es sich hierbei sicherlich um ein Randgebiet. Doch da das Problem meist verschwiegen wird, sollen hierzu ein paar Zeilen angeführt werden und vielleicht auch gerade Vielfliegern (es gibt durchaus nicht wenige Personen, die auf 300 und mehr Flüge pro Jahr kommen) dazu anregen, einmal auf das Flugzeug zu verzichten und besser die Eisenbahn zu benutzen.

Die bundesdeutsche Pilotenvereinigung „Cockpit" war es, die seit 1987 einen internen Arbeitskreis hierzu unterhielt und im Mai 1989 öffentlich Alarm schlug und auf die außergewöhnlich hohe Strahlenbelastung der Flugzeugführer hinwies. Konkreter Anlaß für diesen Schritt in die Öffentlichkeit war ein Gutachten des Berliner Rechtsanwaltes Reiner Geulen. Dieses Gutachten sorgte in Pilotenkreisen für erhebliche Aufregung, denn zusammengefaßt besagte es, daß Piloten eine deutlich höhere Belastung durch Strahlung abbekommen als z.B. ein durchschnittlich belasteter Mitarbeiter in einem Atomkraftwerk. Was für Piloten gilt, ist natürlich ebenso für das Begleitpersonal richtig, sowie – mit Einschränkungen – für Personen, die sehr viel und weit fliegen.

Diese Strahlenbelastung resultiert vor allen Dingen aus der von der Sonne ausgesendeten kosmischen Strahlung, deren Intensität von der Höhe abhängig ist. Ebenso haben die schwankende Sonnenfleckenaktivität und die geographische Breite des Aufenthaltes einen Einfluß auf die Intensität der Höhenstrahlung.

Diese Höhenstrahlung ist sicherlich nicht vergleichbar mit der z.B. durch den Reaktorunfall von Tschernobyl verursachten radioaktiven Belastung von Boden, Lebensmitteln, Luft und Wasser. Diese ist primär verursacht durch zahlreiche verschiedene und sich ansammelnde radioaktive Isotopenteilchen. Bei der Höhen- bzw. kosmischen Strahlung handelt es sich vor allen Dingen um eine Komponentenstrahlung (vor allem Protonen und Elektronen, die von der Sonne ausgesendet werden). Diese Komponentenstrahlung kann die dort natürlich vorkommenden Atome aktivieren in sogenannte Mesonen, welche sehr schnell wieder in energieschwächere Teilchen zerfallen. Zudem ist die harte elektromagnetische bzw. ultraviolette Strahlung in den Höhenbereichen von Flugzeugen wesentlich stärker als am Erdboden.

Personen, die sich in Flugzeugen aufhalten, werden diesen Strahlungen selbstverständlich ausgesetzt. Es sind bei dieser Strahlung also keine besonderen Körperorgane betroffen, vielmehr findet eine Belastung des ganzen Körpers statt.

In Zahlen ausgedrückt heißt dies: Bei einem in größere Höhen reichenden Langstreckenflug wird im allgemeinen mit einer zusätzlichen Strahlenbelastung von fünf Mikrosievert (= 0,005 Millisievert mSv) pro Flugstunde ausgegangen. Sievert ist die derzeit gültige Einheit für die Strahlenbelastung des Menschen. Sie gibt eine Dosis an, die die aufgenommene Energiemenge der verschiedenen Strahlungsarten sowie deren Wirkungen im Menschen berücksichtigt.

Dieser Wert von fünf Mikrosievert ist zunächst einmal als Anhaltswert zu verstehen, mit dem die aufgenommene zusätzliche Strahlungsdosis im Flugzeug ausgerechnet werden kann. Es handelt sich um einen Richtwert, der für 10.000 Meter Höhe und eine geographische Breite von 55 Grad Nord (ungefähr deutsch-dänische Grenze) angesetzt worden ist. Aufgrund typischer Einsatzpläne für Verkehrsflugzeugpiloten war es jetzt für die Vereinigung „Cockpit“ möglich, die zusätzliche Strahlenbe-

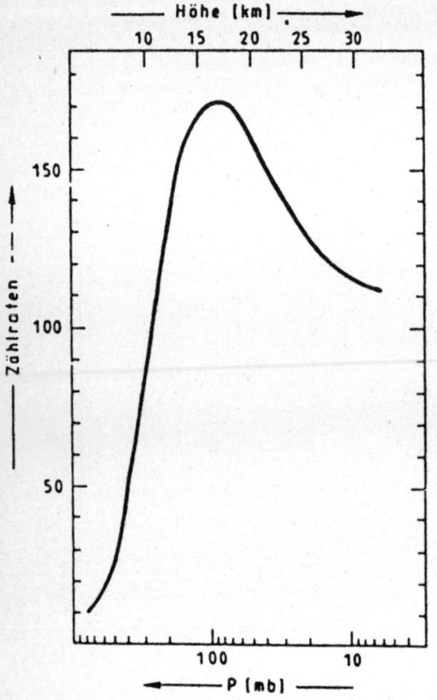

Abb. 14: Abhängigkeit der mit einem Geiger-Müller-Zählrohr festgestellten Strahlenbelastung (linke Skala) der Erdatmosphäre in Abhängigkeit von der Höhe (obere Skala) bzw. dem Luftdruck (untere, logarithmische Skala). Die höchste Strahlenbelastung findet man in den unteren Bereichen der Stratosphäre (Quelle: Keppler).

lastung des Flugpersonals auszurechnen. Das schockierende Ergebnis: rund 3,5 Millisievert (mSv, dies entspricht 350 Millirem in alten Einheiten) ist die Strahlendosis für das Flugpersonal – eine erhebliche Menge.

Zusätzlich zu den 3,5 mSv durch die Höhenstrahlung entsteht gerade für die Flugzeugführer durch die zahlreichen Bildschirme in modernen Jets eine zusätzliche Strahlenquelle von 0,425 mSv pro Jahr.

Die Strahlenbelastung beim Flugpersonal ist damit erheblich höher als die offiziell veröffentlichte Durchschnittsbelastung von Mitarbeitern in der Atomindustrie, die mit 2,3 mSv angegeben wird. Die durch den Reaktorunfall von Tschernobyl in der Bundesrepublik verursachte externe Strahlung lag im Mittel nach Angaben des Bundesumweltministers im Jahr 1986 bei 0,07 mSv mit einem Maximum im Berchtesgadener Raum bei 0,7 mSv (bei Neugeborenen jedoch immerhin in München über 4 mSv und um Berchtesgaden bis zu 15 mSv!). Hierzu kamen nach

Tschernobyl noch einmal 0,04 mSv als Bundesmittel in Nahrungmitteln, in Südbayern sechsfach höhere Werte (wobei diese Zahlen strittig sein mögen...). Dieser Vergleich mag aber einen groben Eindruck darüber vermitteln, wie hoch die Strahlenbelastung im Flugverkehr ist.

Dies ist gerade vor dem Hintergrund interessant, daß in den letzten Jahren immer mehr Erkenntnisse darüber erlangt wurden, daß auch niedrige Strahlendosen als wesentlich stärker krebserregend anzusehen sind, als noch vor wenigen Jahren angenommen wurde. Umso verwunderlicher ist es, daß die vom Flugpersonal absorbierte Strahlenmenge nicht mittels sogenannter Dosimeter erfaßt wird.

Bei den obigen Zahlenangaben sind einige Belastungsquellen noch gar nicht berücksichtigt. So gibt es derzeit keinerlei verfügbare Daten darüber, wie hoch die Strahlenbelastung durch Rückstände von Kernwaffenversuchen ist. Es ist nämlich zu erwarten, daß sich infolge der Atombomben-Versuche in der Atmosphäre in den 60er Jahren noch zahlreiche stark radioaktive Partikel in den normalen Flughöhen befinden. Auch der Unfall des Atomreaktors Tschernobyl hat zu dieser wahrscheinlichen Ansammlung von radioaktiven Isotopen mit beigetragen. Nur, wie schon erwähnt: wissenschaftliche Untersuchungen zu diesem Problem hat es noch nicht gegeben – oder aber sie sind noch nicht veröffentlicht worden.

Auch die immer häufiger transportierte radioaktive Fracht stellt eine weitere Strahlenquelle dar. Allerdings ist auch hierüber wenig öffentlich bekannt geworden. Schätzwerte über eine hierdurch verursacht Strahlenbelastung sind nicht bekannt. Lediglich aus einer im Bundestag behandelten Anfrage liegen einige magere Daten vor. So befördert die Deutsche Lufthansa pro Jahr durchschnittlich 3.000 Sendungen mit radioaktivem Material, dies passiert selbstverständlich auch als Frachtanteil bei Passagierflügen. Der weitaus größte Teil dieser radioaktiven Stoffe ist für medizinische Verwendungen bestimmt, aber transportiert werden ebenso Meßgeräte mit radioaktiven Bestandteilen sowie „Kernbrennstoffproben“. Für die meisten dieser radioaktiven Materialien ist für den Bereich der Bundesrepublik eine „Allgemeinerlaubnis“ für den Transport dieser Stoffe angeordnet worden, so daß spezielle Genehmigungen nicht mehr eingeholt werden müssen, womit eine effektive Kontrolle kaum noch zu verwirklichen ist.

»Cockpit« macht sich für Strahlenreduzierung stark

Die Pilotenvereinigung „Cockpit" macht sich jetzt stark für eine „effektive Reduzierung der Strahlenbelastung des fliegenden Personals". Hierzu fordert „Cockpit" insbesondere den Gesetzgeber auf, der bisher keine Maßnahmen zum Schutz des Flugpersonals ergriffen hat. Außerdem soll laut „Cockpit" ein System eingerichtet werden, mit dem die von jedem Besatzungs-Mitglied aufgenommene Strahlenmenge dokumentiert werden soll (wie es bei den 13 existierenden und besonders hoch fliegenden Exemplaren der Concorde der Fall ist). Die Vorschrift zum Verpacken der radioaktiven Fracht solle verbessert werden, ein Geiger-Müller-Zählrohr solle sich an Bord der Flugzeuge befinden, damit gegebenenfalls die radioaktive Fracht überprüft werden kann. Zudem wird eine bessere medizinische Betreuung im Hinblick auf die Strahlenbelastung gefordert und Strahlenschutzbeauftragte sollen eingesetzt werden.

Es liegt in der Natur der Sache, daß es sich bei diesen Forderungen um die Vertretung der piloteneigenen Interessen handelt. Denn für sie gibt es keine Auswahlmöglichkeit wie für die Passagiere, die in der großen Überzahl von diesen Gefährdungen keine Ahnung haben. Wer weiß schon, daß nach 14 Stunden Flug im Jahr eine der bundesdurchschnittlichen Tschernobyl-Belastung äquivalente Strahlendosis von außen an den Körper gelangt ist?

Alle Verbraucher und Verbraucherinnen haben jedoch die Möglichkeit, diese Strahlenbelastung durch den Verzicht auf das Flugzeug zu verhindern. Insbesondere Kleinkinder haben in Flugzeugen ganz und gar nichts zu suchen! Die Strahlenbelastung ist sicherlich ein bedenkenswerter Aspekt bei der Planung der nächsten Geschäfts- und Urlaubsreisen. Wenn sich hierbei das Flugzeug nicht vermeiden läßt, wäre es gut, wenn diese nicht in die bisher üblichen Flughöhen aufsteigen, denn gerade bis zu einer Flughöhe von rund 17 Kilometern nimmt die Strahlenbelastung in der Atmosphäre rasant zu (s. Abb. 14).

Dies heißt zugleich im Umkehrschluß, daß jeder Kilometer weniger an Flughöhe eine spürbare Verringerung der Stahlenbelastung bedeutet. Solch eine Forderung ist nicht nur an den Gesetzgeber zu richten, sondern ebenso an die Fluggesellschaften, die schon heute binnen kürzester Frist eingreifen können. Offenbar hat die Pilotenvereinigung dies vergessen.

Aber auch Aufklärung tut not. Sowohl der Gesetzgeber, Mediziner als auch die Fluggesellschaften sind aufgefordert, den Flugzeugbenutzerinnen und -benutzern mitzuteilen, welcher Strahlenbelastung sie sich aussetzen. Bei jeder Röntgenuntersuchung (die jedoch für sich genommen auch eine deutlich höhere Belastung bringt als ein einzelner Flug) ist dies heutzutage der Fall – und viele Personen meiden diese daher. Eine solche selbstständige Entscheidung ist beim Flugverkehr bisher mangels umfassenden Wissens nicht möglich. Es wird höchste Zeit, daß hierzu etwas passiert.

Ozon im Flugzeug

Neben der Strahlenbelastung spielt auch noch die Aufnahme von Ozon eine Rolle, wobei die gesamte Problemlage (berufsbedingte Belastung des Flugpersonals sowie von Vielfliegern) ähnlich der Strahlenbelastung gelagert ist. Diese kommt dadurch zustande, daß Flugzeuge sich oftmals gerade in den Höhen der Atmosphäre bewegen, in denen die natürliche Ozonkonzentration deutlich höher ist als am Erdboden. Diese ist zwar mit erheblichen Schwankungen durch natürliche Veränderungen der Atmosphäre verbunden, jedoch kommt es zu eindeutig gesundheitsschädlichen Konzentrationen im Flugzeug. Insbesondere bei Fernflügen über die Polarroute kommen hohe Konzentrationen vor, da gerade in den Wintermonaten die stärker ozonhaltigen Luftschichten absinken.

Die Kabinenluft der Flugzeuge wird an den Triebwerken angesaugt, wodurch sie gleich erhebliche Wärme mitbekommt und nicht mehr erst aufgeheizt werden muß. Da diese Luft allerdings direkt aus der Außenluft stammt, gibt sie auch die momentane Außenkonzentration wieder, allerdings in etwas abgeschwächter Form. Bisher gibt es nur wenige Messungen über die tatsächlich vorhandene Ozonkonzentration in der Flugkabine. Im Frühjahr 1987 führte das Berufsgenossenschaftliche Institut für Arbeitssicherheit Ozonmessungen bei Flügen nach Anchorage (Alaska) durch.

Das Ergebnis: Mittlere Ozonkonzentrationen von 0,16 ppm (parts per million, also Teile Ozon in einer Million Teilen Luft) wurden festgestellt. Der gemessene Spitzenwert lag bei 0,48 ppm. Zum Vergleich mögen Richtwerte dienen, die uns in Bodennähe vor zu hohen Ozonkonzentrationen warnen sollen. Hier fordert der Verein Deutscher Ingenieure (VDI), eine höchste Halbstundenbelastung von 0,06 ppm zum Schutz der Gesundheit (Maximale Immissions-Konzentration – MIK) nicht zu überschreiten. Die bundesdeutsche Umweltministerkonferenz einigte sich daraufhin auf einen „Warnwert" (besser wäre allen medizinischen Erkenntnissen zufolge jedoch „Wahnwert") von 0,09 ppm als Zweistundenmittel sowie auf einen „Alarmwert" von 0,18 ppm. Außerdem existiert von der Deutschen Forschungsgemeinschaft (DFG) ein Grenzwert für die maximale Konzentration von Schadstoffen am Arbeitsplatz (was in diesem Fall also für das Flugpersonal ein Kriterium ist). In dieser Richtlinie wird für Ozon eine Maximale Arbeitsplatz-Konzentration (MAK) von 0,1 ppm angegeben. Diese sollte laut DFG für Arbeitende während die Dauer eines Arbeitstages als Mittelwert nicht überschritten werden.

Diese Grenzwerte werden insbesondere während Langstrekkenflügen deutlich überschritten. So etwas bleibt natürlich nicht ohne Folgen auf Flugpersonal und auch Passagiere. Dies wird für das fliegende Personal in US-amerikanischen Studien bestätigt. Dort kommt man zu dem Schluß, daß in dieser Personengruppe deutlich häufiger bestimmte Atemwegsbeschwerden auftreten. Vom fliegenden Personal in hochfliegenden Maschinen klagen 64 Prozent über häufige Brustschmerzen, in niedrigfliegenden Maschinen sind dies 16 Prozent. Atemwegsbeschwerden stellen sich bei 59 bzw. 25 Prozent ein, und hartnäckiges Husten war zu registrieren bei 42 bzw. 27 Prozent. Für das Flugpersonal sind dies sicherlich erschreckende Zahlen, die jedoch viele aus eigener Erfahrung werden bestätigen können.

Entsprechende Untersuchungen gibt es für die Passagiere, insbesondere für Vielflieger mit hundert und mehr Flügen pro Jahr nicht. Auch sind den meisten dieser Personen diese zusätzlichen Gesundheitsgefahren bisher unbekannt – ähnliche Aufklärungs-Maßnahmen wie bei der Strahlenbelastung sind hier dringend geboten!

Fatal wird möglicherweise die Kombination von Strahlen und Ozon. Es gibt nämlich Hinweise darauf, daß Ozon die krebserzeugende Wirkung von ionisierender Strahlung wesentlich verstärkt. Hierüber ist speziell in Hinblick auf den Luftverkehr bisher jedoch noch nichts Näheres bekannt.

Anders als beim Strahlenproblem ist gegen die Ozonbelastung in Flugzeugen, zumindest in einem gewissen Maße, Abhilfe möglich. So hat die Lufthansa derzeit immerhin schon 16 ihrer Maschinen mit speziellen Ozonkatalysatoren ausgerüstet, die rund 90 Prozent des Ozon abbauen und so gar nicht erst in die Flugkabine gelangen lassen. Auch alle neubestellten Flugzeuge sollen über solch eine Einrichtung verfügen. Internationaler Standard ist dies bisher jedoch noch nicht – die internationale Flugverkehrsgesellschaft ICAO hat sicherlich noch einigen Nachholbedarf im Erlassen entsprechender Vorschriften.

Schrille Zukunftstöne: Wasserstoff und Hyperschall

Die nicht zu leugnenden Energie- und Umweltkrisen sowie die Suche nach neuen Herausforderungen „beflügeln" in den großen Industrienationen die Phantasie von Ingenieuren.

So begann man in den USA zu den Zeiten der ersten großen Ölkrise, sich Gedanken über einen Flugzeugantrieb mit Wasserstoff zu machen. Mit zunehmender Normalisierung der Weltmarktsituation verschwanden diese Studien jedoch auf den Ablagestapeln der Flugzeugkonstrukteure.

Dieses erscheint auf den ersten Blick bedauerlich, denn im Vergleich zu den konventionellen Flugzeugantrieben wird beim Wasserstoffantrieb eine bei weitem nicht so breite Palette an giftigen Substanzen an die Luft abgegeben. Im Großen und Ganzen beschränken sich die Emissionen beim Wasserstoffantrieb auf Wasserdampf und Stickstoffoxide. Die breite Palette an Schadstoffen (z.B. Kohlendioxid, diverse Kohlenwasserstoff- und Schwermetallverbindungen, Kohlenmonoxid, Schwefeldioxid, Ruß), wie sie beim Kerosinantrieb auftreten, fehlen hier also zum weitaus größten Teil. Daß die Emissionen von Wasserstoff und Stickstoffoxiden in großen Höhen jedoch für das Klimagleichgewicht der Erde sehr bedeutsam ist, wurde schon weiter oben in diesem Buch erläutert.

Die Wasserdampf-Emissionen eines mit Wasserstoff angetriebenen Flugzeuges liegen erheblich höher als bei einem Kerosinantrieb. Bei gleicher Leistung wird die ca. zweieinhalbfache Menge Wasserdampf ausgestoßen. Dies würde bei Flügen in großen Höhen die Bildung von Eiswolken (bzw. Cirruswolken) erheblich verstärken und den gefährlichen Treibhauseffekt weiter drastisch verschärfen. Auch die Stickoxidemissionen in größeren Flughöhen bedeuten zusätzliche Gefährdungen für die Ozonschicht. Dies deutet darauf hin, daß der Wasserstoffantrieb bei Flugzeugen gewaltige Umweltgefahren in sich birgt. Daher ist auch ihm zunächst sehr skeptisch zu begegnen.

Probleme schafft überdies der Wasserstoff selbst, der wesentlich mehr Platz benötigt als konventionelles Kerosin. Zudem muß Wasserstoff in einem speziellen Tank in flüssiger Form bei Temperaturen von minus 253 Grad Celsius gehalten werden. Die Probleme mit dem hochexplosiven Wasserstoff bei den immer wieder vorkommenden Flugzeugunfällen vermag man sich vorzustellen, wenn man an die Bilder des Unfalls im Frühjahr 1986 der amerikanischen Raumfähre Challenger denkt, die auch über einen großen Wasserstoffantrieb verfügte.

Dessen ungeachtet laufen seit einiger Zeit wieder Entwicklungen in diese Richtung. Zu Anfang des Jahres 1988 überraschte die Sowjetunion die Fachwelt mit einem wasserstoffangetriebenen Verkehrsflugzeug der Marke Tupolew Tu-155. Von einigen wurde dieses Versuchsflugzeug als „Meilenstein in der Luftfahrt“ sowie von der Bedeutung her mit dem Start des sowjetischen Sputniks im Jahre 1957 verglichen und als „ökologisch absolut sauber“ bezeichnet. Solche Jubeltöne sind jedoch vollkommen unangebracht und falsch, wenn man an die Umweltgefahren durch Wasserdampf und Stickoxide denkt.

Auch in der Bundesrepublik laufen Studien und Entwicklungen für wasserstoffangetriebene Flugzeuge. Insbesondere Ingenieure des Transport- und Verkehrsflugzeugbereichs der Firma Messerschmitt- Bölkow-Blohm (MBB) in Hamburg arbeiten an solchen Zukunftsstudien. Eine Idee ist hierbei beispielsweise die Entwicklung eines Großraumflugzeuges vom Typ Airbus (Typenbezeichnung: A640-H2), der mit drei Rümpfen und sechs Triebwerken eine höchst ungewöhnliche Form haben soll. Dieser Airbus, soweit er jemals verwirklicht wird, könnte immerhin rund 800 Passagieren Platz bieten.

Auch wenn nicht absehbar ist, daß Wasserstoff-getriebene Verkehrsflugzeuge noch in diesem Jahrhundert in die Serienproduktion gehen werden, so ist doch schon jetzt darauf zu achten, daß hier nicht wieder einmal durch hohe finanzielle Investitionen Sachzwänge geschaffen werden, die später zu einer allgemeinen Einführung dieser Flugzeugart führen, ohne daß es eine genaue und kritische Abschätzung der Folgen für die Umwelt gegeben hat. Denn diese Umweltgefahren sind gegeben und durch kraß erhöhten Wasserdampfausstoß möglicherweise sogar noch bedeutender als bei konventionellen Flugzeugen.

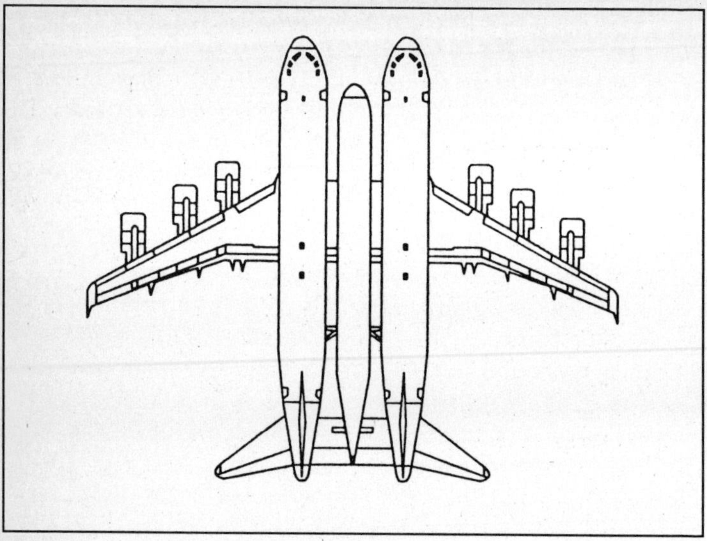

Abb. 15: Sieht so das klimagefährdende Flugzeug der Zukunft aus? Entwicklungsstudie von MBB: der Airbus A640-H2 mit drei Rümpfen und sechs Triebwerken. Der mittlere Rumpf soll ausschließlich der Unterbringung des voluminösen Wasserstoffs dienen.

Es mutet geradezu lächerlich an, wenn in einem Artikel der Hauszeitschrift des Frankfurter Flughafens die bekannten Fakten völlig verdreht werden: „Die Sorgen über Umweltverschmutzung und Ozonloch mit auch in Mitteleuropa bemerkbaren Klima-Veränderungen als direkte Auswirkung schrecken mittlerweile nicht nur sensible Menschen auf. Seit einiger Zeit ist nun auch das Verkehrsmittel Flugzeug als Umweltverschmutzer ins Gerede gekommen. Wissenschaftler meinen, daß Flugzeuge mit ihren Abgasen in großen Höhen (über 11.000 Meter) zur raschen Vergrößerung des Ozonlochs über dem Südpol beitragen. Die Fachleute sind der Ansicht, daß dieses Problem die größte Herausforderung für die Luftfahrt in den 90er Jahren darstellen könnte. (...) Heißt die Lösung des Problems für die Luftfahrt vielleicht Wasserstoff? Fliegen mit dem neuen 'Sprit' ist absolut umweltfreundlich. Wenn Wasserstoff verbrennt, bleibt nur Wasser übrig."

Ganz offenkundig will man beim Frankfurter Flughafen die Leserinnen und Leser verdummen. Daß gerade die beim Wasserstoffantrieb deutlich verstärkt ausgestoßenen Stoffe wähnten, größten Umweltprobleme verursachen, wird geflissentlich verschwiegen. Ohne Einschränkung muß man jedoch die Ansicht teilen, daß die Umweltprobleme die größte Herausforderung für die Luftfahrt, nicht nur in den 90er Jahren, sind.

Concorde-Nachfolge-Modell geht in die Entwicklung

Nicht vor 2005 sei mit dem Einsatz eines neuen Überschallflugzeuges zu rechnen, bedauert die flugzeugfreundliche Presse immer wieder. Hintergrund dieser erschreckenden Nachricht, daß bereits an einem Nachfolgemodell des schlimmsten Umweltfeindes unter den Flugzeugen gearbeitet wird, ist die Gründung einer internationalen Studiengruppe, die sich mit einem solchen Projekt befaßt. Die Mitarbeiter dieser Studiengruppe gehören zu den Firmen Aérospatiale (Frankreich), British Aerospace, der Deutschen Airbus GmbH sowie den beiden US-Firmen Boeing und McDonnell Douglas an.

Bei diesen Firmen sind jeweils schon verschiedene Einzelentwürfe für die „Überschall-Airliner" erarbeitet worden, mit futuristisch aussehenden Ergebnissen. Und: man weiß zwar, daß eine grundsätzliche Realisierung mit technischen Mitteln möglich ist, gesteht jedoch auch ein, daß eine Machbarkeit vor allen Dingen von der Lösung der Umweltprobleme abhängig ist.

Als besonders krasse Umweltprobleme rücken gleich vier verschiedene Punkte in den Vordergrund. Von den Konstrukteuren als schwerwiegendstes Problem ausgemacht wurde der Ausstoß von Stickoxiden in den relativ großen Flughöhen. Oberhalb von 15 Kilometern, eine für diese zukünftige Flugzeuggattung normale Flughöhe, werden die ausgestoßenen Stickoxide (NOx) für einen katalytischen und zyklischen Abbau der Ozonschicht sorgen. Mit anderen Worten: die Wirkung der in Flugzeugabgasen völlig unvermeidlichen Stickoxide ist ähnlich derjenigen der FCKW (s. Kapitel über Klimagefahren).

Dieses Problem ist den Forschern und Konstrukteuren durchaus bewußt. In den 70er Jahren hatte die Diskussion dieser Probleme mit dafür gesorgt, daß die damals schon vorhandenen Planungen solcher Flugzeuge bei Boeing zurück in die Schub-

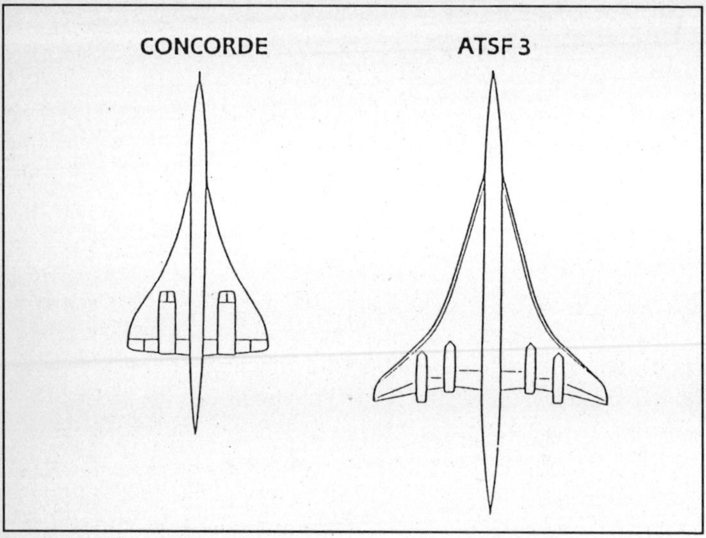

Abb. 16: Französischer Entwurf für ein Nachfolgemodell des Überschall-Flugzeugs Concorde: Das „Avion de transport supersonic futur“ (ATSF 3). Bis zu 300 Passagiere sollen gut 10.000 Kilometer weit transportiert werden können, mit maximal 2,4facher Schallgeschwindigkeit.

lade wanderten. Mit bemerkenswerter Offenheit wird auch unter den Konstrukteuren eingestanden, daß es sich um ein Problem von erheblicher Tragweite handelt. Die amerikanische Weltraumbehörde NASA drängt darauf, daß bei den Überschall-Verkehrsflugzeugen der NOx-Ausstoß im Vergleich zu den derzeitigen Verkehrsflugzeugen um 90 Prozent (!) reduziert werden muß, um die Zerstörung der oberen Atmosphäre verhindern zu können. Dies ist wahrhaft ein hochgestecktes Ziel – derzeit freuen sich die Triebwerkshersteller über jedes einzelne Prozent, das weniger ausgestoßen wird. Trotzdem ist man optimistisch, bei den Überschall-Flugzeugen durch neuartige Brennkammer-Auslegungen das Ziel erreichen zu können.

Selbst wenn die Vorgabe erreicht werden sollte, bleibt das (Umwelt-)Problem der Wasserdampfemissionen, die extrem verstärkend auf den Treibhauseffekt wirken. Es gibt keinen derzeit denkbaren Antrieb auf der Erde, der diese Emissionen verhindern könnte. Da man gerade beim Überschallflug noch wesentlich größere Energiemengen verbraucht und ebenso höhere Schadstoffemissionen erzeugt und zudem noch in weitaus größere Höhen vordringt, ist die Klimabedrohung durch diese Jets vergleichsweise hoch.

Auch die Lärmemission bei den Überschalljets birgt extreme Umweltbelastungen und eine ebenso geringe Akzeptanz in der Bevölkerung. Gerade auch dieses Problem sorgte dafür, daß die britisch/französische Concorde nicht zu einem Verkaufsrenner wurde und nur mit derzeit noch 13 Exemplaren über den Atlantik rast. Die Concorde war einfach zu laut. In den Zukunftsplanungen für den Überschallflug wurde daher schon eines festgelegt: Diese Flugzeuggeneration darf – so sie tatsächlich einmal über unseren Köpfen sausen sollte – nicht lauter sein als die anderen Verkehrsflugzeuge auch. Sie muß also die Regelungen der überstaatlichen Zivilflugverkehrs- Organisation ICAO-Annex 16, Kapitel 3 einhalten. Zwei amerikanische Triebwerkshersteller meinen hier einen Lösungsansatz zu haben.

Mit Lärm verbunden ist auch das vierte spezifische Problem der Überschall-Verkehrsflüge: der Überschallknall. Bisher sind die Entwickler noch recht ratlos, wie man diesen markerschütternden Lärm, etwa vergleichbar mit dem Kanonenknall, auf ein Minimum reduzieren kann. Man hofft, die Tragflächen so konstruieren zu können, daß der Überschallknall am Erdboden „nur" als langsames Grollen und nicht als plötzliches „Schreckereignis" auftaucht. Zumeist ist man jedoch skeptisch, daß dieses Ziel erreichbar ist. Dies würde bedeuten, daß diese Flugzeuge bei Strecken über Land nicht Überschallgeschwindigkeit fliegen dürften und somit einen erheblichen Teil des gerade angestrebten Geschwindigkeitsvorteils einbüßen würden. Somit würden sich die überhaupt interessanten Flugstrecken nach Ansicht der beteiligten Firmen auf reine Überwasserflüge reduzieren. Lediglich die Strecke Los Angeles – Tokio oder Los Angeles – Sydney oder einige Verbindungen von Europa nach New York erscheinen dann überhaupt noch wirtschaftlich für Überschallflüge lohnend.

Da mögen die optimistischen Prognosen der Hersteller überraschen: Keine der diversen Firmen glaubt an ein Marktpotential von weniger als 300 Flugzeugen, die Optimisten schätzen den Markt auf bis zu 1.500 Jets dieser Kategorie. Zahlen, die (hoffentlich!) viel zu hoch gegriffen sind, jedoch erst einmal Forschungsgelder locker machen.

Bei der Frage nach dem Sinn solch bombastischer Projekte wird man jedoch kleinlaut: Nun ja, die Flugzeit von Los Angeles nach Tokio, eine reine Überwasserstrecke, könnte man um etwa die Hälfte auf viereinhalb Stunden senken. Es dürfte den forschenden Firmen schwerfallen, den gigantischen Aufwand mit dem Gewinn einiger lächerlichen Stunden Zeit zu begründen. Kann es denn wirklich Sinn und Zweck menschlichen Daseins sein, an einem Tag zu Geschäftsverhandlungen von den USA nach Japan und zurückzufliegen?

Aber hiermit erschöpfen sich die angestrebten Temposteigerungen noch bei weitem nicht.

Der große Knall

„Die neuen Transporter für den Fernverkehr. Sie heißen Ariane, Hermes und Sänger: Drei internationale 'Speditionsunternehmen' von besonderer Tragweite, an denen die Deutsche Aerospace mit all ihren Unternehmen beteiligt ist. Hermes und Sänger sind zwar noch Zukunftsmusik, freilich mit sehr konkreten Absichten: (...) Sänger – das erste Raumfahrt-Großprojekt, dessen Initiative von Deutschland ausgeht – soll der Raumtransporter des 21. Jahrhunderts werden: vom Flughafen aus direkt ins All, mit Hyperschall."

Hyperschall – welch ein Knall! Wahre Euphorie macht sich in deutschen Forscherlanden breit, wenn das herrliche Zauberwort „Hyperschall" fällt. Der oben zitierte Text stammt aus ganzseitigen Reklameanzeigen, mit denen die Deutsche Aerospace seit geraumer Zeit breitangelegte Werbung für ein Zukunftsprojekt macht. Und nicht nur bei Aerospace jubelt man. Das Bundesforschungsministerium sieht „Große Herausforderungen beim Hyperschallprogramm 'SÄNGER'", in Mitteilungen der Technischen Universität Braunschweig (auch dort wird daran geforscht) jagt man „Mit Hyperschall in die 90er Jahre".

Ein paar Worte zu der für viele sicherlich noch unbekannten Firma „Deutsche Aerospace": Es handelt sich hierbei sozusagen um die Sparte „Luft- und Raumfahrt" des Daimler-Benz-Konzerns. Insgesamt beschäftigt die Deutsche Aerospace 61.400 Personen, der Jahresumsatz liegt bei 12,8 Milliarden Mark. In der Deutschen Aerospace hat Daimler-Benz alle deutschen

Luft- und Raumfahrtfirmen gesammelt, die Rang und Namen haben, nämlich folgende Anteile:

- 70,08 % der Messerschmidt-Bölkow-Blohm (MBB) GmbH (dieser Firma gehören wiederum 80 % der Deutschen Airbus GmbH)
- 100 % der Motoren- und Turbinen-Union München GmbH (MTU)
- 87,5 % der Dornier GmbH
- 100 % der Telefunken System-Technik GmbH.

Daimler-Benz hat nahezu ein bundesweites Monopol, was die Konstruktion und den Bau von Flugzeugen und auch Raketen anbelangt. Hierdurch trägt man bei Daimler-Benz einen erheblichen Teil der Verantwortung für das Projekt „Sänger“ – und auch für dessen Folgen. Und die haben es in sich.

Als Konzept steht derzeit ein zweistufiges Raumtransportsystem, ein Mittelding zwischen Flugzeug und Space-Shuttle-ähn-

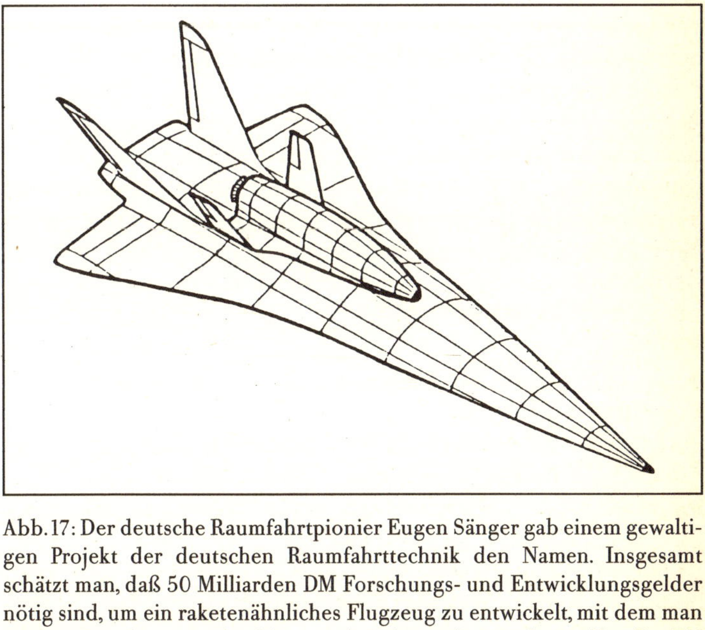

Abb. 17: Der deutsche Raumfahrtpionier Eugen Sänger gab einem gewaltigen Projekt der deutschen Raumfahrttechnik den Namen. Insgesamt schätzt man, daß 50 Milliarden DM Forschungs- und Entwicklungsgelder nötig sind, um ein raketenähnliches Flugzeug zu entwickelt, mit dem man in drei Stunden von Frankfurt nach Tokio gelangen kann (Quelle: TU Braunschweig).

lichem Raketensystem. Mittlerweile hat sich der Begriff „Weltraumflugzeug" für das Monstrum eingebürgert. Die Planungen zielen sowohl auf den Personentransport wie auch auf Frachttransport.

Die erste Stufe, ein wiederverwendbarer, bemannter Raumtransporter, soll das Raumflugzeug auf 37 Kilometer Höhe bringen, wo die zweite Stufe bei sechseinhalbfacher Schallgeschwindigkeit mit eigenem Antrieb in den Raum gestartet wird. Insgesamt hofft man, bis zu achtfache Schallgeschwindigkeit zu erreichen. Mit solch einer irren Geschwindigkeit schrumpft dann die Flugzeit für eine Strecke wie von Frankfurt nach Tokio etwa auf die Zeit zusammen, die man heutzutage braucht, um mit öffentlichen Verkehrsmitteln einmal quer durch Berlin zu kommen.

Daß es sich hierbei nicht um spinnerte Träumereien einiger Enthusiasten handelt, sondern schon um ein ganz konkretes Forschungsprogramm, beweisen die bereits reichlich fließenden Steuergelder. Bis Anfang 1992 steht für das gesamte Programm ein Finanzvolumen von 220 Millionen DM allein aus dem Bundesforschungsministerium zur Verfügung. Hinzu kommen noch 160 Mio. DM aus Industrie und Forschungsinstituten. Um bereits bis 1998 einen „Demonstrator in die Luft" zu bringen, werden jährlich rund 200 Millionen Mark benötigt, worüber man sich in der Industrie kaum Sorgen macht. Alles zusammen sind derzeit für das gesamte, bisher noch rein deutsche Programm 50 Milliarden DM veranschlagt – eine unglaubliche Summe.

Dieses leichtfertige und auf viele Jahre festgelegte Verschleudern von Geld ist zugleich der größte Skandal an dieser Entwicklung, denn die Steuerzahlerinnen und Steuerzahler sind über diese Gesamtkosten bisher weitgehend im Dunkeln gelassen worden. Ein Skandal!

Aber nicht nur die finanziellen Folgen sind eine Katastrophe. Auch die Umweltgefahren türmen sich. Sie ähneln in einigen Einzelpunkten denen bei den Überschallflugzeugen, werden jedoch noch gefährlicher, weil in wesentlich höhere und somit empfindlichere Schichten der Atmosphäre aufgestiegen wird. Dort greifen die unvermeidlichen Stickoxide wieder die Ozonschicht massiv an und Wasserdampfemissionen verstärken den Treibhauseffekt eklatant. Letzteres wird noch dadurch verstärkt, daß mit Wasserstoffantrieb geflogen werden soll, der besonders viel Wasserdampf in die Stratosphäre und Mesosphäre pustet.

In einem Forschungsbericht zur „Umweltbeeinflussung durch die Raumfahrt“ (einer Untersuchung der Technischen Universität München) wird auf die vielfältigen Umweltauswirkungen solch eines Hyperschall- Flugbetriebes mit bis zu achtfacher Schallgeschwindigkeit in Höhen zwischen 20 und 40 Kilometern genauer eingegangen. Diese Auswirkungen sind erheblich und sollen hier einmal zusammenfassend dargestellt werden. Es darf kein Zweifel darüber bestehen, daß diese Umweltgefahren das gesamte Projekt des Hyperschallflugs zum Kippen bringen kann – auch wenn man bei MBB (einer der beteiligten Firmen) in althergebrachter Ingenieur-Mentalität meint, der gesamte „Umweltaspekt“ sei „ein Problem, auf das wir noch keine Antwort wissen, deshalb müssen wir es anpacken“.

Neben Ozonzerstörung durch die Stickoxide und Anheizen des Treibhauseffektes durch Wasserdampfemissionen bildet natürlich auch der Lärm bei Starts und Landungen erhebliche Probleme bei diesem Projekt, wenn auch eher lokale Probleme hierdurch entstehen. Der Überschallknall ist ebenso ein Lärmproblem, wenn auch mit überregionalem Charakter.

Hier kommen noch einige spezielle Probleme hinzu, die in der erwähnten Studie der TU München angesprochen werden. Allein durch die enorme Aufheizung des Flugkörpers beim Start sowie beim Wiedereintritt in die nähere Erdatmosphäre wird zu den durch die Verbrennungsvorgänge freigesetzten Stickoxide noch erheblich mehr Stickstoffoxid erzeugt. Diese Stickoxide greifen in den Flughöhen der Hyperschalljets ganz massiv das in diesen Höhen als UV-Strahlungs-Filter wirkende Ozon an und zerstören es. In der Fachliteratur wird dies als ein Effekt der „Hyperschallströmung“ bezeichnet. Schätzungen darüber, wieviel Stickoxid insgesamt in diese extrem empfindlichen Atmosphärenschichten getragen werden kann, gibt es nicht.

Aber die „Hyperschallströmung“ wird noch weitere Folgen haben: Es kommt auch zu sogenannten „Verdichtungsstößen“. Hierbei wird bei der Rückkehr zur Erde das Ozon der Ozonschicht allein durch den Verdichtungsdruck des sich extrem schnell bewegenden Flugkörpers in seine einzelnen Atome zerlegt (es „dissoziiert"). Die Folge ist also ein kurzzeitiger, direkter Ozonabbau-Mechanismus. Zwar verschwindet dieser Effekt nach Stunden oder Tagen auf natürlichem Wege, indem durch das Sonnenlicht wieder neues Ozon gebildet wird. Wenn jedoch eine Anzahl von Flügen an einem Tag hintereinander auf gleicher Bahn durchgeführt wird, führt dies dazu, daß sich die Atmosphäre dort nicht mehr „erholen" kann. Die Ozonabbau-Mechanismen der einzelnen Hyperschalljets würden sich addieren und zu einer dauerhaften Abnahme führen, einem sogenannten „Korridor-Effekt". Dies könnte zu regelrechten Schneisen in der Ozonschicht führen, die nahezu ozonfrei sind – eine Umweltkatastrophe ersten Ranges. In der Forschungsstudie der TU München heißt es dazu mit wissenschaftlicher Nüchternheit: „Im einzelnen noch unbekannt, möglicherweise erheblich."

Diese Korridor-Effekte wären kaum zu vermeiden, wenn – wie geplant – Hunderte der „Weltraumflugzeuge" gebaut und in Betrieb genommen würden. Würde diese Vision Wirklichkeit, würde allein der genannte Korridor-Effekt den Gesamtozongehalt der Atmosphäre im Bereich einiger Prozente zerstören können. Hinzu kämen die Ozonzerstörungen durch das Einbringen der Stickoxide in diese Luftschicht.

Vor diesem Hintergrund müssen die Entwicklungen am Projekt „Sänger" sofort eingestellt werden. Es kann nicht sein, daß für solch ein alle Dimensionen sprengendes Projekt insgesamt eine Summe von 50 Milliarden DM aufgebracht wird, während es in den gleichen fünfzehn Jahren immer noch fast unmöglich ist, mit öffentlichen Verkehrsmitteln von einem Dorf in das nächste zu kommen. High-Tech-Euphoriker scheinen hier den Boden des tatsächlich Möglichen und Notwendigen unter den Füßen verloren zu haben.

In dem bisher rein deutschen Projekt „Sänger" sind neben MBB auch Firmen wie Dornier, MAN, MTU und Linde beteiligt, ebenso die Deutsche Forschungsanstalt für Luft- und Raumfahrt (DLR), die Technische Hochschule Aachen und die Universitäten in Braunschweig, Stuttgart und München. Auch in Japan arbeitet man mindestens ebenso intensiv an einem solchen Projekt, nämlich bei dem National Aerospace Laboratory, bei Mitsubishi, Kawasaki und Fuji. Die ersten Steuermillionen wurden 1990 investiert: 21 Millionen Dollar.

In Großbritannien mag man nicht nachstehen: Das „Horizontal take-off and landing space vehicle“ (HOTOL) fasziniert die Ingenieur-Elite. Auch in den USA werden Milliarden in ein noch ehrgeizigeres Projekt gesteckt: Das „National Aero-Space Plane“ (NASP) soll sogar nur eine Antriebsstufe haben, jedoch noch wesentlich höhere Geschwindigkeiten bis zur 25fachen Schallgeschwindigkeit erreichen. Der Erstflug des militärischen Prototyps „X-30“ soll im September 1996 stattfinden. Auch eine etwas langsamere Variante ist für die zivile Verwendung vorgesehen. Historischer Name hierfür: „Orient Express“.

Wie man sieht, wird in diesen vier Staaten mit Nachdruck an solchen Projekten gearbeitet und so schon jetzt eine erhebliche Konkurrenzsituation geschaffen. Nach dem Sinn bzw. Unsinn der Hyper-Flieger wird dann nicht mehr gefragt – es gilt nur noch, besser als die Konkurrenten zu sein.

Eine absurde Situation! Gerade solch eine extrem umweltgefährliche Technik darf nicht entwickelt und gebaut werden, nur weil einige Spitzen-Ingenieure zeigen wollen, daß sie „besser“ sind als die anderen. Dem Buchautor wollte beim besten Willen keine sinnvolle Anwendung von Flugzeugen einfallen, die acht- oder fünfundzwanzigmal schneller sind als das gesprochene Wort.

Raumfahrt und Umweltverschmutzung

Aus den Erklärungen der Umweltgefahren des Luftverkehrs lassen sich die hauptsächlichen Umweltgefahren der Raumfahrt unmittelbar ableiten. So sind Raketen für die hochgelegenen Schichten der Atmosphäre oberhalb 20 km die einzigen direkten Luftverschmutzer, ja die einzige direkte Einflußnahme durch den Menschen überhaupt. Es gab auf dem Gebiet der Umweltbelastung durch Raketen schon einige einzelne grundlegende Forschungsprojekte, deren Ergebnisse sind bisher jedoch nur einem sehr kleinen, eingeweihten Expertenkreis bekannt. Im Auftrag des Bundesministeriums für Forschung und Technologie wurde im Jahre 1989 an der Technischen Universität München von mehreren Einzelexperten ein zusammenfassender Bericht unter dem Titel „Umweltbeeinflussung durch die Raumfahrt" veröffentlicht, der die bisher bekannten Gefahren zusammenfaßt. Wieder einmal wird deutlich, daß das Wissen um die chemischen und physikalischen Vorgänge in unserer Lufthülle nach wie vor sehr lückenhaft ist. Die vorliegenden Ergebnisse sind jedoch zum Teil erschreckend – Grund genug, diese hier kurz vorzustellen.

Es gibt sicherlich viele, die während einer Fernsehübertragung eines Raketenstarts gedacht haben: „Das müssen doch gigantische Abgasmengen sein, die dort ausgepustet werden!" Und tatsächlich: Es sind gigantische Abgasmengen, und je höher die Rakete steigt, umso drastischer und gefährlicher ist die Wirkung der Emissionen auf die Erdatmosphäre.

Aber fangen wir beim Start an:

Raketenstart in Qualm und Dampf

Erinnern Sie sich noch an die Bilder von dem unglückseligen Start der amerikanischen Raumfähre Challenger, die kurz nach dem Start explodiert war? Eine riesige Wolke reinen Wasserdampfes war vor dem blauen Himmel zu sehen, ebenso die beiden unversehrten Starthilferaketen, die noch in wilden Zick-Zack-Bahnen herumschwirrten.

Durch beides werden die grundsätzlich verwendeten Raketenantriebe repräsentiert: der flüssige Wasserstoffantrieb sowie der Feststoffantrieb. Um ein konkretes Beispiel zu geben: Für den Start eines Space Shuttles von der Art des Challengers sind in dem großen Außentank 1.541.000 Liter flüssiger Wasserstoff und 573.000 Liter flüssiger Sauerstoff nötig – beides zusammen rund 720 Tonnen hochexplosiven Treibstoffes. Beide Stoffe verbrennen zusammen beim Start zu Wasser, das als Wasserdampf ausgestoßen wird. Zusätzlich wird molekularer Wasserstoff (H_2) ausgestoßen.

Um für den Start des Space Shuttle genügend Schub zu erzeugen, sind seitlich des großen Flüssigtreibstofftanks zusätzlich zwei Hilfsraketen installiert. Diese beiden Edelstahlhülsen sind jeweils mit 503,5 Tonnen festem Raketenbrennstoff gefüllt. Dieser setzt sich zusammen aus 16 Prozent reinem Aluminiumpulver, 70 Prozent Ammoniumperchlorat (als Oxidator, chemische Formel: NH_4ClO_4) sowie einem Rest Eisenoxid zur Kontrolle der Verbrennungsrate. Anders als der Wasserstoffantrieb läßt sich dieser Feststoffantrieb (in Fachkreisen auch „booster“ genannt) nicht mehr abstellen, wenn er erst einmal brennt. Das bedeutet, daß der Start nach der Zündung dieser Feststoffantriebe in jedem Fall erfolgen muß.

Die Zusatzantriebe beschleunigen das Raumfahrzeug bis in eine Höhe von ca. 50 km und werden danach abgestoßen. Sie werden nicht nur beim Space Shuttle verwendet, sondern zumeist auch bei der europäischen Transportrakete Ariane. Außerdem werden diverse Forschungs- und militärische Raketen mit den genannten Feststoffen betrieben. Auch die z.T. schon ausgedienten Trägerraketen wie Delta, Scout oder Titan verfügen über einen solchen Antrieb. Ebenso sollen zukünftige Großprojekte mit solchen Feststoffantrieben ausgerüstet werden.

Der Grund für diese ausführliche Erwähnung der Feststoff-Booster liegt darin, daß sich in ihnen eine gehörige Portion Umweltgefährdung verbirgt. Bei der Verbrennung des Treibstoffgemisches werden nämlich im Höhenbereich von 0 bis 50 Kilometern überwiegend folgende Verbindungen ausgestoßen (festgestellt am Düsenausgang):

- Kohlenmonoxid (CO)
- Kohlendioxid (CO_2)
- Chlorwasserstoff (HCl)
- Chlor (Cl_2)
- Stickstoff (N_2)
- Aluminiumoxid (Al_2O_3)
- Wasserdampf (H_2O).

Zusätzlich zu den am Düsenausgang festgestellten Stoffen wird es aufgrund der sehr hohen Verbrennungstemperaturen zur Bildung von erheblichen Mengen an Stickoxiden kommen.

Ganz besonders problematisch ist die Emission der Chlor-Verbindungen in diese hohen Atmosphärenschichten, denn, wie mittlerweile bekannt ist, wirkt atomares Chlor – wenn es erst einmal aus seinen ursprünglichen chemischen Verbindungen herausgelöst ist – zwischen 15 und 50 Kilometern Höhe als Katalysator bei der Zerstörung der Ozonschicht. Durch immer wieder zyklisch auftretende chemische Reaktionen wird Ozon abgebaut und in normalen zweiatomigen Sauerstoff überführt. Es ist also durchaus denkbar, ja wahrscheinlich, daß Raketenstarts mit Feststoffraketen an dem weltweiten Ozonabbau beteiligt sind.

Vor diesem Hintergrund muß es uns erschaudern lassen, was die amerikanische Weltraumorganisation NASA ursprünglich im Space Shuttle- Programm geplant hatte. Dort waren nämlich die zwei ersten Flüge für 1978 geplant, ein Jahr später sollten es bereits 11 Flüge sein. Bis 1984 sollte die Anzahl der Shuttle-Starts kontinuierlich auf 60 pro Jahr gesteigert werden und bei diesem Wert in den Folgejahren konstant gehalten werden. Letzteres hätte bedeutet, daß jedes Jahr mehrere hundert Tonnen Salzsäure HCl ausgestoßen worden wären.

Mittlerweile wissen wir, daß die Zahl der Shuttle-Starts bei weitem nicht so hoch liegt wie erwartet, woran Anlaufschwierigkeiten und nicht zuletzt das Challenger-Unglück beteiligt waren. Da von den Amerikanern derzeit jedoch Planungen für eine Weltraumstation im Gange sind, ist damit zu rechnen, daß beim Anlaufen der Bauphase die Zahl der Shuttle-Flüge sprunghaft steigen wird.

Europas Ariane funktioniert etwas anders

Außer dem Space Shuttle gibt es bekanntlich ja noch eine erhebliche Zahl weiterer Raketenstarts. Das als europäisches Gemeinschaftsprojekt laufende Trägersystem Ariane ist grundsätzlich anders angetrieben als das Space Shuttle. In den ersten beiden Antriebsstufen, die bis etwa einhundert Kilometer Höhe führen, kommt eine spezielle Treibstoffmischung zum Einsatz. Der Treibstoff mit der Bezeichnung UH25 setzt sich zusammen aus den chemischen Verbindungen Dimethylhydrazin (Anteil 75 %, chemische Formel: $H_2N - N(CH_3)_2$, gilt als sehr stark giftig und krebserzeugend und darf – welch eine Ironie – nach Transportvorschriften nicht per Flugzeug transportiert werden!) sowie Hydrazinhydrat (Anteil 25 %, chemische Formel: $N_2H_4 \times H_2O$). Zusätzlich zu diesem Treibstoff wird als Oxidationsmittel der Stoff N_2O_4 benötigt.

Bei der Verbrennung dieses Treibstoffgemisches besteht das Abgas am Düsenaustritt aus Kohlenmonoxid (CO), Kohlendioxid (CO_2), Wasserstoff (H_2), Wasserdampf (H_2O) und Stickstoff (N_2). Zumeist werden bei der Ariane die zusätzlichen Booster für den Start auch mit diesem Treibstoffgemisch betrieben – es kommt in diesem Fall also zu keinen Chlor-Emissionen. Allerdings wird bei bestimmten Startanforderungen auch auf die oben erwähnte Art und Weise auf Feststoffbooster für den Start zurückgegriffen – mit den erwähnten Folgen.

Wie wirken die Emissionen aus Raketen in den einzelnen Stockwerken der Atmosphäre?

Doch gehen wir systematisch vor und betrachten die Emissionen von Raketen in den einzelnen Schichten der Atmosphäre. Wie schon im Kapitel über die Klimawirkung von Flugzeugen erwähnt, können Schadstoffe je nach Höhe der Emission völlig unterschiedliche Wirkungen haben (Beispiel Wasserdampf: in Erdbodennähe bedeutungslos, in 10 km Höhe ein gefährlicher Schadstoff).

a) **Troposphäre:**

In der untersten Schicht der Atmosphäre, der Luft, in der wir leben, ist beim Start einer Großrakete die Bildung einer Bodenwolke typisch, die aus den Abgasen der ersten 15 bis 25 Sekunden des Starts besteht. Diese stabile Wolke hat die Forscher schon zu mannigfaltigen Untersuchungen angeregt mit dem Ergebnis, daß die wichtigsten Schadstoffe, Chlorwasserstoff (HCl) und Aluminiumoxid (Al_2O_3), aus den Emissionen der Feststoffraketen stammen. In der ersten Startphase eines Space Shuttles werden pro Sekunde ca. 2 Tonnen Chlorwasserstoff und 3 Tonnen Aluminiumoxid emittiert. Mit der Bodenwolke werden diese Substanzen in die Umgebung verteilt.

Uns allen ist sicherlich noch die wässerige Lösung des Chlorwasserstoffs aus der Schule als Salzsäure bekannt. Logischerweise beinhaltet diese Bodenwolke auch hohe Säurekonzentrationen. Bei Messungen konnten in der Abgaswolke eines Space Shuttles ph-Werte bis herunter zu 0,5 nachgewiesen werden. Es verwundert nicht, daß in Florida schon als unmittelbare Folge dieser Starts Schäden an Orangen-, Zitronen- und Avocado-Plantagen eindeutig nachgewiesen werden konnten. Auch die tierische und menschliche Gesundheit wird durch diese starke Säure gefährdet.

Allerdings handelt es sich hierbei, und das soll keine Bagatellisierung sein, eher um lokale und regionale Umweltprobleme. Unerforscht, weil möglicherweise unterschätzt, ist die Rolle, die diese Säureemission bei einem Transport über eine größere Entfernung hinaus beim sauren Regen spielt. Auch wird vermutet, daß die massiven Wasserdampf- und Aluminiumoxidemissionen einen Einfluß auf das Wettergeschehen haben können. Daher gibt es Empfehlungen, solche Starts bei bestimmten Wetterlagen besser zu verschieben, da man möglicherweise mit nachteiligen Wettereffekten wie Gewitteraktivität, Dunst- und Nebelbildung oder Starkwindentwicklung bis hin zu einer Einwirkung auf Hurricans rechnen muß.

Gänzlich unerforscht ist bisher auch das Problemfeld der Bildung von Stickoxiden sowohl bei flüssigen wie auch bei festen Raketenantrieben. Es kann keine Zweifel darüber geben, daß sich aufgrund der sehr hohen Temperaturen große Mengen an Stickoxiden bilden, die selber giftig für Mensch und Natur sind und zudem als Vorläufersubstanz für noch giftigere Verbindungen wie Ozon oder Peroxyacylnitrat (PAN) gelten. Gerade letztere Verbindungen können sich über größere Entfernungen ausbreiten, so daß der Einwirkungsbereich von Raketenstarts weit über den Nahbereich hinaus gehen kann. Aufgrund der noch relativ geringen Anzahl an Startplätzen für Großraketen bleiben die Umweltprobleme in der untersten Atmophärenschicht jedoch noch einigermaßen begrenzt und werden zumeist von anderen Schadstoffen überdeckt.

b) Stratosphäre:

Dies sieht in der Stratosphäre allerdings völlig anders aus! Dort haben die Chloremissionen globale Folgen, denn vor allem das aus den Düsen ausgestoßene HCl wird durch die starke Sonneneinstrahlung zerlegt. Die so entstandenen Chlor-Radikale sind identisch mit denjenigen Chlorradikalen aus den FCKW und tragen somit zum Ozonabbau bei, bei dem sie als Katalysator in der zyklischen Abbaureaktion wirken – was soviel bedeutet, daß das Chloratom bei der Zerstörung des Ozons nicht eine neue, stabile Verbindung eingeht und somit sein zerstörerisches Werk fortsetzen kann.

Allein bei jedem Shuttle-Start werden ca. 100 Tonnen Chlorwasserstoff aus den Feststoff-Boostern in die Stratosphäre ausgestoßen. In den Jahren 1974/75 wurden in den USA Modellrechnungen durchgeführt, wie hoch die Ozonabbaurate für eine Startfrequenz von 50 Shuttle-Flügen pro Jahr wäre. Man kam damals auf globale Ozonabbauraten zwischen 0,2 und 0,7 Prozent – diese Zahlen sind durch neuere Erkenntnisse wahrscheinlich jedoch nach oben zu korrigieren. So ist z.B. fraglich, inwieweit die Ansammlung von Chloratomen, die in der Stratosphäre eine extrem lange Verweildauer haben, den heutigen Erkenntnissen entsprechend berücksichtigt wurde. Damals gab es allgemein ein wesentlich geringeres Wissen um die zerstörerische Wirkung von Chlor auf die Ozonschicht. So hatte man seinerzeit noch keine Vermutungen darüber, daß sich wenige Jahre später über der Antarktis im jährlichen Rhythmus ein gigantisches Ozonloch auftun würde. Eine Anpassung der damaligen Modellrechnung an heutige Erkenntnisse würde also möglicherweise andere Ergebnisse liefern.

Aber auch andere Emissionen aus dem Feststoff-Booster sorgen in der Stratosphäre für Probleme: Vor allem der Ausstoß von Aluminiumoxid Al_2O_3 ist zumindest problematisch, ebenso der Eintrag von Wasserdampf sowie die Bildung von Stickoxiden.

Durch den Eintrag von Aluminiumoxid wird in der Stratosphäre die Anzahl der Aerosolteilchen drastisch erhöht. Diese Aerosolteilchen dienen in der Stratosphäre als Kondensationskerne für die Bildung von Eiskernen. Modellrechnungen belegen, daß sich bei 52 Shuttles-Starts im Jahr die Anzahl der stratosphärischen Eiskerne verdoppeln würde. Dies würde eine Rückwirkung auf die Bildung von hochgelegenen Cirrus-Wolken haben, die, wie im Kapitel über Klimagefährdungen durch hochfliegende Flugzeuge beschrieben, eine drastische Verstärkung des Treibhauseffektes bewirken. Zudem gibt es bisher lediglich begründete Vermutungen darüber, daß der Ausstoß der Aluminiumoxid-Partikel die Bildung von Chloroxidradikalen fördert und somit aktiv in die Ozonzerstörung eingreift. Hierzu gibt es bisher allerdings noch keinerlei veröffentlichte Forschungsergebnisse.

Zudem gibt es noch Hinweise auf eine weitere Problematik, die durch den Wiedereintritt der Raumfahrzeuge in tiefere Atmosphärenschichten entsteht. Durch bestimmte gasdynamische Effekte, hervorgerufen durch den Verdichtungsstoß beim Wiedereintritt, kommt es zu einem Zerfall von Sauerstoff- (O_2) und Ozon-(O_3)-Molekülen. Es wird in der Fachliteratur bisher davon ausgegangen, daß dieser Ozonabbau kurzzeitig ist, da hier keine zyklische Abbaureaktion vorhanden ist, sondern vielmehr nur durch einen einmaligen Effekt ein Abbau stattfindet. Dieser Vorgang ist bisher wissenschaftlich so gut wie gar nicht untersucht, erste grobe Abschätzungen der Größenordnung dieser Ozonabbaureaktion reden von einer „unmeßbar" kleinen Abnahme des Ozon-Gehaltes, die sich im Bereich von höchstens Promille-Anteilen des gesamten Ozon-Gehaltes bewegen sollen. Da anders als durch die FCKW die natürlichen Gleichgewichtsreaktionen nicht nachhaltig gestört werden, wird davon ausgegangen, daß nach ca. einem Tag das ursprüngliche Gleichgewicht wiederhergestellt ist.

Probleme könnten möglicherweise jedoch auftreten, wenn viele Flüge in relativ kurzer Taktfolge (wöchentlich oder kürzere Abstände) auf der gleichen Strecke stattfinden, wie dies z.B.

beim Hyperschall-Flugverkehr geplant ist. Es kann in diesem Fall zum sogenannten „Korridor-Effekt“ kommen, bei dem sich die schädigenden Einflüße nicht nur überlagern, sondern sogar gegenseitig verstärken könnten.

Doch gehen wir bei unserer Betrachtung der Folgen der Abgasemissionen auf die Erdatmosphäre noch eine Etage höher, in die

c) Mesosphäre:

Auch hier hört sich das bisher durch Forschung Bekannte zumeist noch sehr vage an – und wird an dieser Stelle entsprechend wiedergegeben. In dieser in rund 50 Kilometern Höhe beginnenden Atmosphärenschicht werden in der Fachliteratur zwei Hauptprobleme genannt (Feststoff-Booster werden in dieser Atmosphärenschicht nicht mehr betrieben):

▶ Die Emission von großen Mengen an Wasserdampf soll nach Ansicht verschiedener Wissenschaftler so groß sein, daß sich im Bereich der Mesopause (zwischen Mesosphäre und Ionosphäre in rund 90 km Höhe gelegen, absolutes Temperaturminimum der Atmosphäre mit durchschnittlich rund – 90° C) Eiswolken bilden können. Auch bringen offensichtlich die massiven Wasserdampfemissionen in der Mesosphäre möglicherweise die seit Jahrmillionen eingespielte Chemie dieser Atmosphärenschicht gründlich durcheinander, eine Auswirkung auf die Ozonphotochemie wird nicht ausgeschlossen.

▶ Außerdem tritt im Bereich der Mesosphäre ein aus den tiefergelegenen Atmosphärenschichten bisher nicht bekanntes Phänomen beim Wiedereintritt von Raumflugkörpern auf: Es findet im Bereich der Mesosphäre (bedingt durch die extrem hohe Geschwindigkeit verbunden mit dem steigenden Luftwiderstand) eine sehr starke Erhitzung der Außenfläche der Raumfahrzeuge auf. Hierdurch kommt es zu der Bildung großer Mengen von Stickstoffmonoxid (NO). Diese Produktion an NO erhöht die natürlich vorhandene Konzentration lokal um mehr als das Hundertfache, allerdings klingen diese Störungen innerhalb von 24 Stunden wieder weitgehend ab, sagen Berechnungen jedenfalls. Am höchsten ist die Produktion von Stickoxid in 70 km Höhe. Sie nimmt nach unten hin wieder deutlich ab. In 50 km Höhe ist Wissenschaftlern zufolge die NO-Produktion schon wieder praktisch gleich null – gerade rechtzeitig, um nicht auch die ungefähr in dieser Höhe beginnende Ozonschicht anzugreifen, was beim NO nämlich der Fall wäre. Es gibt jedoch Hinweise darauf, daß solch eine Stickoxidproduktion auch bei den Starts von Trägerraketen erfolgt, und zwar in geringerer Höhe als beim Wiedereintritt. Genauere Angaben hierüber waren nicht aufzufinden, aber ein Einfluß auf die Ozonschicht kann wohl nicht ausgeschlossen werden.

Der Einfluß der relativ kurzlebigen und keineswegs weiträumigen Erhöhung des Stickoxides auf den Bereich der Mesosphäre ist nicht bekannt.

Raketen wirbeln die Atmosphäre kräftig durcheinander

Die zuweilen zitierten Modellrechnungen gelten nur für die Shuttle-Flüge. Es muß dazu bedacht werden, daß dieses Raumflugprogramm weltweit nur eines von vielen Projekten ist. Die wahren Verhältnisse sind also noch wesentlich schlimmer. Denn neben dem Space Shuttle-Programm werden auch in den USA noch andere große Trägerraketen betrieben (z.T. nach dem Challenger-Unfall mit neuem Wind in den Segeln): Private Anbieterkonsortien bauen auf Delta-, Titan- und Atlas-Raketen, die nicht wiederverwendet werden können und somit nur für einen Start gebraucht werden können. Zudem gibt es ein sehr umfassendes Weltraumprogramm in der Sowjetunion. Westeuropa, China und Japan verfügen über und entwickeln an Großraketen, außerdem arbeiten Indien, Indonesien und Brasilien an kleineren Projekten. Bei vielen der verwendeten Raketen kommen die ganz besonders gefährlichen Feststoff-Booster zum Einsatz.

Fazit: Ökologische Gesamt-Bestandsaufnahme der Raumfahrt muß kommen

Bei den genannten Umweltproblemen durch die Raumfahrt handelt es sich lediglich um eine Auswahl. Die Studie des Bundesministeriums für Forschung und Technologie benennt weitere Auswirkungen der Raumfahrt auf die allgemeine Umwelt, z.B. die Verteilung und Ansammlung von radioaktivem Material nach dem Verglühen von Kernreaktoren, mit denen eine ganze Anzahl von Satelliten ausgerüstet sind.

Es wird ein ganzes Bündel an Forschungsaktivitäten vorgeschlagen, die von den Autoren der Studie als nötig erachtet werden, um die Umweltschädlichkeit der Raumfahrt näher zu untersuchen. Was in diesen zahlreichen Vorschlägen jedoch völlig fehlt, ist eigentlich der wichtigste, weil übergeordnete Punkt: Eine weltweite ökologische Gesamtbilanz der Weltraumfahrt ist anzustreben. Hinsichtlich der unbestreitbaren Umweltschädlichkeit, insbesondere des Feststoffantriebes von Raketen, ist schon jetzt Handlungsbedarf abzusehen. Dieser extrem gefährliche Feststoffantrieb sollte in internationalen Übereinkommen völlig verboten werden. Überdies kann auf viele Raumflüge verzichtet werden. Insbesondere militärische Satelliten sind im allgemeinen fragwürdig – wobei auch nicht verkannt werden kann, daß das „Sicherheits"denken in der Welt noch stark – zu stark – auf Kontrolle (etwa durch Aufklärungssatelliten) basiert und weit weniger auf Vertrauen. Wenn jedoch solche Satelliten für die Mächtigen die Grundlage zu einer schrittweisen Abrüstung bilden, kann man diese dann ablehnen?

Es soll hier nicht bestritten werden, daß viele Raumfahrtprojekte einen durchaus akzeptablen Sinn haben. So sind viele Kenntnisse über die Umweltzerstörung eben dem Einsatz der Satellitentechnik zu verdanken (man denke da nur an die anschaulichen Satellitenbilder vom antarktischen Ozonloch, das sonst nur bruchstückhaft bekannt wäre). Aber die Gewinnung solcher Erkenntnisse darf nicht um jeden Preis erfolgen.

Die Raumfahrt muß sich die Frage gefallen lassen, ob sie ihre schon vorhandenen Möglichkeiten überhaupt annähernd ausnutzt. Denn die Zahl der für diese Zwecke bereits vorhandenen Satelliten liefert eine solch große Zahl von Daten und Bildern über die Erde, daß hiervon derzeit lediglich zehn Prozent überhaupt gesichtet werden und wiederum nur insgesamt ein Prozent genauer bearbeitet wird. Welchen Sinn soll dann eine noch viel größere Masse an Satelliten und damit Datenmengen haben, wenn es niemanden gibt, der diese noch bearbeiten kann? Bevor also neue Erderkundungs-Satelliten mit Riesenaufwand und großer Umweltgefährdung ins All geschossen werden, müssen die vorhandenen Kapazitäten erst einmal besser genutzt werden.

Es kann und soll an dieser Stelle kein Patentrezept angeboten werden, ob ein Teil der Raumfahrt verzichtbar ist, und, wenn ja, welcher. Es ist aber aufgrund der Umweltgefahren durch die Raumfahrt höchste Zeit, Ziele und Vorgehen in der Raumfahrt neu zu überdenken und zu diskutieren. Es darf nicht sein, daß die langsam bekanntwerdenden Umweltgefahren weiterhin unbeachtet bleiben und weitergemacht wird wie bisher. Bis zur Gewinnung besserer Erkenntnisse ist eine Schaden/Nutzenabschätzung unter den jeweils ungünstigsten ökologischen Annahmen („worst case“) für jeden einzelnen Raketenstart zu treffen.

Ist der Flugverkehr noch tragbar?

Ähnlich wie die Ausbreitung des Autos auf dem Boden alle Städte und Landschaften durcheinandergewühlt hat, so hat das Flugzeug vor allem die uralte, seit Jahrmillionen eingespielte Atmosphäre – diese so unglaublich dünne Luftschicht, die alles Leben auf der Erde erst möglich macht – schon heftig durcheinandergewirbelt. Einige wenige mit Pioniergeist und dem Mut zu unbequemen Resultaten ausgestatteten Wissenschaftler auf der Erde mühen sich derzeit redlich, ein wenig Licht hinter die globalen Folgen dieses „Luftangriffs" zu bringen. Leider dienen ausgerechnet kritische Wissenschaftler den Politikern als Alibi gegen die Forderungen, eine umweltverträglichere (oder richtiger: weniger umweltschädigende) Mobilität überhaupt zu ermöglichen. Denn: wir alle kennen den bei Politikerinnen und Politikern üblichen Mechanismus, darauf zu verweisen, daß man noch längst nicht genügend Wissen angehäuft habe und darum weiterhin nur geforscht werden solle.

Dabei ist diese Haltung nicht mehr gerechtfertigt, was den Flugverkehr anbelangt. Wenn man bei der Umweltpolitik tatsächlich vorsorgend (im Wortsinne) handeln will, muß die Devise „Einschreiten bei jedem Verdacht auf Umweltschädigung" gelten. Dieser Verdacht hat sich beim Flugverkehr längst verdichtet. Die dramatischsten Folgen werden sich global einstellen: Abbau der lebenswichtigen Ozonschicht und zudem eine kräftige Verstärkung für den Treibhauseffekt.

Die politisch Verantwortlichen sind – endlich – gefordert. Initiativen zur Vermeidung dieser Gefahren sind notwendig. Von einer Politik der Vorsorge kann schon jetzt keine Rede mehr sein, da noch gar nicht bekannt ist, wie groß die bestehenden Eingriffe in die Erdatmosphäre bereits sind. Die Tatsache, daß massive Eingriffe durch den Luftverkehr vorhanden sind, läßt sich nicht mehr leugnen.

Von den Wirtschaftsunternehmen der Luftfahrtbranche werden keine eigenen Impulse für eine Verbesserung der Situation zu erwarten sein, denn der derzeitige Flugbetrieb ist auf den wirtschaftlichen Erfolg dieser Firmen optimiert. Jede Änderung würde hier wirtschaftliche Einbußen bedeuten, was kein Unternehmen freiwillig riskiert. Erst auf Druck von Politik und Bevölkerung wird sich etwas bewegen.

Aus den Ausführungen in den einzelnen Kapiteln des Buches ergeben sich eine ganze Reihe von möglichen Maßnahmen, die jeweils schon ausgeführt wurden. Trotzdem werden hier noch einmal zusammenfassend die nötigen und möglichen Abhilfemaßnahmen gegen weitere Gefährdungen dargestellt. Anzustreben sind:

- Eine Höhenbegrenzung für alle Flüge auf maximal 8 Kilometer, in jedem Fall aber außerhalb von Tropopause und Stratosphäre.
- Verbot von Überlandflügen, die kürzer sind als 1.000 km, sowie von Flügen über Wasser unter 500 km, wobei freiwerdende Kapazitäten nicht aufgefüllt werden.
- Einführung scharfer Emissionsgrenzwerte für alle Flugzeuge.
- Versteuerung von Flugbenzin.
- Stopp und Verbot jeglicher Flughafenneu- und -ausbauten.
- Verbot militärischer Flüge.
- Beschränkung der Flugbewegungszahlen auf 20 Starts und Landungen pro Stunde an jedem Flughafen.
- Stopp jeder steuerlichen Förderung für Flugzeugentwicklung und -bau.
- Verbot jeglicher Über- und Hyperschallflüge.
- Durchsetzung eines Vollauslastungsgebotes durch Einführung von Bußgeldern für nicht vollbesetzte Flugzeuge.
- Schaffung geschlossener Abwassersysteme auf Flughäfen.
- Umfassende Information der Passagiere über Umweltgefahren sowie über die unmittelbaren Gesundheitsgefahren (Strahlenbelastung, Ozon) beim Fliegen.
- Alle umweltrelevanten Daten des Flugverkehrs sind vollständig offenzulegen.
- Der Wasserstoffantrieb ist bis zum Nachweis einer völligen ökologischen Unbedenklichkeit zu untersagen.

Es ist sicherlich utopisch und auch nicht erstrebenswert, jeglichen Flugverkehr zu untersagen. Es muß jedoch dringend daran gearbeitet werden, den Flugverkehr umweltverträglich zu gestalten, wobei es wenig Sinn macht, dies alles nur national durchzusetzen – wirklich greifen können diese Maßnahmen erst, wenn sie weltweit durchgesetzt werden. Dies sollte jedoch niemanden davon abhalten, national erste Schritte einzuführen, die in die richtige Richtung weisen.

Ein besonders wichtiges Instrument für eine Reduzierung des Flugverkehrs ist die Abschaffung jeglicher staatlicher finanzieller Unterstützung des Luftverkehrs. Hierdurch wird die so oft beschworene Marktwirtschaft zu einer Farce. Während man sich bei der Bundesregierung hochgradig über jede für die Eisenbahn ausgegebene Million ziert, verzichtet man sogar auf Einnahmen beim Flugverkehr durch Versteuerung des Kerosins. Obendrein buttert man allein in die Airbus-Industrie noch etliche Milliarden DM hinein. Die durch den Flugverkehr entstehenden Umweltschäden werden – soweit sie überhaupt mit Geld auszugleichen sind – sowieso von der Allgemeinheit getragen.

Gerade diese Kosten sind jedoch nicht unerheblich. Das Umweltbundesamt berechnete für 1985 insgesamt Umweltschäden in der Bundesrepublik in Höhe von 103 Milliarden DM. Diese Kosten dürfen nicht durch den Steuerzahler getragen werden, sondern müssen auf die Verursacher zurückgeführt werden. Insgesamt würde dies dazu führen, daß – nicht nur beim Flugverkehr – ein Echtpreis für die Inanspruchnahme einer Transporthilfe verlangt wird, wie dies schon von verschiedener Seite gefordert wird, auch von Klimaforschern.

Solch ein Echtpreis, der alle entstehenden Kosten mitberücksichtigt, würde selbstverständlich erheblich über demjenigen liegen, der jetzt unmittelbar an die Fluggesellschaften gezahlt wird. Erheblich steigende Preise werden automatisch auch eine geringere Nutzung des Verkehrsmittels Flugzeug bedeuten. Bei der Einführung eines Echtpreises würde es sich nicht um zusätzliche Steuern handeln, sondern lediglich um eine Umverteilung der auch bisher schon erbrachten finanziellen Leistungen auf die Verursacher – eine sicherlich gerechtere Lösung.

Wichtig ist bei solchen finanziellen Hürden jedoch, daß sie nicht auf ein Land beschränkt blieben, da sie sonst gerade ein sich umweltfreundlich verhaltendes Land stark belasten würden. Andere Länder, die sich weniger umweltfreundlich verhalten, würden bevorzugt und könnten attraktivere Angebote machen.

Ähnliche Gedanken sind mittlerweile auch schon Bundesumweltminister Klaus Töpfer gekommen – seine Forderung lautet zusammengefaßt: „Wer fliegen will, muß zahlen“. Bei einer Umfrage der Reise-Zeitschrift „Saison“ bei Geschäftsführungen führender Reiseunternehmen gab es jedoch reichlich Widerspruch. Sowohl bei NUR Touristic („Umweltpolitik durch den 'Geldbeutel' des einzelnen ist meiner Meinung nach der falsche Ansatz. /.../ Nein zur Umweltabgabe des einzelnen Fluggastes.“) als auch bei Hapag-Lloyd („'Wer fliegen will, muß zahlen' geht am Ziel vorbei, denn nur zielgerichtete Maßnahmen können helfen“) und Touristik Union International/TUI („Eine Umweltsteuer für Flugreisen? Ein klares Nein. Der Flugverkehr ist bereits heute so stark durch Steuern und Gebühren belastet, daß er im Vergleich zu anderen Verkehrsträgern sehr schlecht dasteht.“) gab es neben einigen Sprechblasen schroffeste Ablehnung – ob es sich um Unwissende oder bewußte Umweltfeinde handelt, geht aus den Aussagen nicht hervor. Wie auch immer: mensch sollte sich gut überlegen, ob er/sie (wenn überhaupt) mit diesen Firmen in den Urlaub düsen will.

Die Tatsache, daß auch modernste Flugzeuge eine Klima- und somit Umweltgefahr par excellence sind, scheint zum Teil noch unbekannt: Der Präsident des Deutschen Reisebüro-Verbandes rang sich jedoch immerhin zu folgender Aussage durch: „Die 'Stinker' am Himmel sollen zur Kasse gebeten werden, aber die treibstoffarmen, modernen Großraumjets müssen anders behandelt werden. (...) Alle Fluggäste mit einer Umweltgebühr zu belasten, wäre falsch und ungerecht.“ Der Versuch, die Flugzeuge in umweltfeindliche und -freundliche zu unterteilen, ist jedoch aufgrund der zahlreichen unvermeidbaren Umweltfolgen absurd.

Airtours international konnte sich zu einem eindeutigen „Jein“ durchringen, mit leichter aber schwammiger Tendenz zu einer Schadstoffabgabe beim Flugverkehr. Einzig bei den Klingenstein Internationalen Studienreisen rang man sich klipp und klar für eine Umweltabgabe für Flugzeuge durch („Gerade die Umweltschäden erfordern eine Weiterbelastung der Kosten nach dem Verursacherprinzip"). Bei den Massenflugveranstaltern ist die Stimmung jedoch eindeutig gegen eine solche Abgabe – ein fürwahr deprimierendes Bild, das dort geboten wird.

Die Verkehrswende

Insgesamt wird deutlich, daß für die gesamte Verkehrspolitik eine konsequente Wende gefordert werden muß. Bisher werden die einzelnen Verkehrsmittel wie unabhängige Wirtschaftszweige behandelt. Das gleichlautende politische Ziel für alle Verkehrsträger ist bisher noch immer, eine möglichst hohe Transportleistung zu erzielen. Allein dieses Ziel widerspricht schon in krasser Weise allen Umweltschutzbestrebungen. Schließlich ist es völlig egal, welches Verkehrsmittel verwendet wird: eine Umweltbeeinträchtigung, -belastung oder sogar -schädigung ist immer hiermit verbunden. Das geht eben vom Fußgänger-„Trampelpfad" bis Atmosphärenstörungen durch Raketen.

Eine vor allen Dingen an der Ökologie orientierte Verkehrspolitik muß also im Gegensatz zu den heutigen Zielen zu allererst auf eine Minimierung jeglichen Transportaufkommens hinarbeiten. Der zweite Schritt müßte eine gezielte Förderung und attraktivere Gestaltung der am wenigsten umweltschädlichen Verkehrsträger sein: beispielsweise des Fahrrad- und Fußgängerverkehrs sowie des Öffentlichen Personennahverkehrs (ÖPNV) in Städten, sowie von Eisenbahn, Reisebussen, Rohrleitungen und Binnenschiffen im überregionalen Verkehr. Bisher jedoch geschieht jedoch gerade das Gegenteil: Autos (also PKW und LKW) und Flugzeuge erfreuen sich der ganz besonderen Gunst des Gesetzgebers.

Um dem bisherigen anarchischen Wachstum der umweltschädlichsten Verkehrsmittel endlich etwas Sinnvolles entgegenzusetzen, ist auf nationaler, landesweiter und kommunaler Ebene, möglichst auch international, die Erstellung und Durchsetzung von Gesamtverkehrskonzepten gesetzlich vorzuschreiben, die die weniger umweltfeindlichen Verkehrsmittel gezielt fördern.

Wenn solche Maßnahmen konsequent aufgegriffen werden, dann würden sich so unsinnige Dinge wie der Inlandsflugverkehr von selbst erledigen und jede weitere Diskussion hierüber würde sich erübrigen. Verbunden mit der Einführung des Echtpreises auf dem Verkehrssektor ließe sich eine grundsätzliche Wende im Verkehr erreichen, ohne daß die einzelnen Verkehrsbenutzerinnen und -benutzer von vornherein irgendwelche Nachteile hinnehmen müßten. Es könnten sich dann alle frei entscheiden, welche Verkehrsträger sie verwenden wollen – mit der Gewißheit, daß die Schwere des Umwelteingriffes sich automatisch im Portemonnaie niederschlägt. Vielen würde dies aus dem Dilemma helfen, in dem sie im Moment noch stecken: der Wahl zwischen Umwelt und Geldbeutel.

Gesamtverkehrskonzept unrealistisch?

Die Erstellung von solchen Gesamtverkehrskonzepten mag derzeit noch unrealistisch erscheinen und eher einer Utopie gleichen. Andererseits kann es keinen Zweifel darüber geben, daß die globalen Umweltkatastrophen Treibhauseffekt und Ozonzerstörung politische Handlungen früher oder später einfach erzwingen werden. Ganz leichte Andeutungen sind in der Bundesrepublik ja schon erkennbar: die geplante Einführung einer CO_2-Abgabe auf die fossilen Brennstoffe ist ein erster schüchterner Schritt in Richtung auf den Echtpreis.

Es muß jedoch noch viel mehr getan werden. Einige der genannten Forderungen sind durchaus als Sofortmaßnahmen anzusehen, beispielsweise die Flughöhenbegrenzung auf Höhen unter acht Kilometer (etwa vergleichbar mit einem Tempolimit für Autos). Gerade diese Sofortmaßnahme wäre auch für nationale Alleingänge geeignet, denn sie würde alle über dem Gebiet eines Staates fliegenden Flugzeuge gleichermaßen betreffen und so keine Fluggesellschaft durch den höheren Treibstoffverbrauch benachteiligen. Außerdem hätte diese Maßnahme den positiven Nebeneffekt, den Luftraum kleiner zu machen, so daß die Fluggesellschaften auf unnötige Kurzstreckenflüge von selbst verzichten würden.

Die zunehmende Beliebtheit von Regionalflughäfen, die die Umweltprobleme des Flugverkehrs immer weiter in die Breite tragen, rührt sehr stark von der Überlastung der großen Flughäfen her. Dieser Trend zu den Regionalflughäfen, von denen einige die Bezeichnung „Regional" kaum noch verdienen, würde sich zudem bei einer Entlastung der „Großen" sicherlich abflachen, möglicherweise sogar stoppen. Auch könnte ein attraktiveres Bahnnetz diese Erscheinung überflüssig machen.

Die Verantwortung der Verbraucherinnen und Verbraucher

Es wäre jedoch viel zu einfach, die ganze Verantwortung für eine Veränderung der dramatischen Situation einzig auf die Verantwortlichen in der Politikspitze abzuschieben. Ebenso sind alle Flugzeugbenutzerinnen und -benutzer aufgerufen, das eigene Verhalten kritisch zu überprüfen und zu hinterfragen.

Viel zu oft ist es heute so, daß sich die Urlauberinnen und Urlauber um einen zwar anstrengenden, jedoch zumeist höchst interessanten Teil des Urlaubs betrügen: die Reise. Für viele bedeutet Reise heute nur noch die Fahrt zum nächsten Flughafen, um dann, wohlgeplant, einige Stunden später an den Urlaubsort versetzt zu sein, ohne sich diesem tatsächlich „anzunähern". Vielen ist das Erlebnis des bewußten Reisens so verwehrt.

Dabei sollten sich alle einmal fragen, ob denn solche Flugreisen tatsächlich den gewünschten Erholungseffekt bringen. Ein Urlaub vor der Haustür oder im näheren Umkreis birgt immer wieder Überraschungen. Warum denn immer in die Ferne schweifen?

Nicht leugnen läßt sich auch die Faszination, die vom Verkehrsmittel Flugzeug auf viele ausgeübt wird. Es ist unbestritten ein schönes Gefühl, über den Wolken zu schweben, auch wenn dort keine „grenzenlose" Freiheit herrscht. Aber kann nicht auch eine Schiffsreise nach Norwegen oder Schweden einen ähnlichen Reiz ausüben wie ein Flug?

So oder so gilt ganz allgemein: ein langer Urlaub ist umweltfreundlicher als mehrere kurze Urlaube, für die man immer wieder erhebliche Transportleistungen in Anspruch nehmen muß.

Grundsätzlich sollte bei jeder Flugreise überdacht werden, ob diese Fahrt überhaupt notwendig ist und ob sich nicht zumindest ein anderes Verkehrsmittel, möglichst die Bahn, anbietet. Eine ständige kritische Überprüfung unseres Tuns ist also auch auf diesem Gebiet vonnöten – die Frage nach den Auswirkungen muß für uns alle viel mehr in den Mittelpunkt rücken. Ist dies nicht der Fall, dann darf man nicht überrascht sein, wenn man von den folgenden Entwicklungen überrollt wird und durch dann unumgänglich werdende staatliche Restriktionen die eigene Entscheidungsfreiheit verliert.

Geschäftsreise = Flugreise?

Ein anderer Fall sind die Geschäftsreisen. In der Devise „Zeit ist Geld" wird heutzutage allzu oft so getan, als sei jede Reise mit der Bahn ein verlorener Tag, während zugleich jede Flugreise einen gewonnenen Arbeitstag bedeutet. Hierbei wird nur allzugerne übersehen, daß gerade bei Inlandsflügen die Zeitersparnis gegenüber der Eisenbahn oft nur vorgegaukelt ist. Von Stadtzentrum zu Stadtzentrum bietet die Bahn vor allem bei Entfernungen unter 500 Kilometer dem Flugzeug gegenüber kaum Zeitverlust, da die langen Anfahrten zu den Flughäfen sowie das Ein- und Auschecken entfällt. Auch sind die Verspätungen bei der Bahn noch nicht so erheblich wie bei Flügen.

Eine gerade für Geschäftsreisende interessante Attraktivitätssteigerung wird die Einführung des ICE bei der Bundesbahn bedeuten. Dieses ökologisch auch nicht unproblematische Verkehrsmittel hat als erklärtes Ziel, dem Flugzeug Konkurrenz zu machen. Bedacht werden sollte bei Geschäftsreisen, daß die Fahrtzeit in der Bahn wesentlich besser für „Papierarbeit" zu nutzen ist als Flugzeit.

Zudem können Geschäftsreisen oft gänzlich vermieden werden, da die Anliegen auch gut per Telefon oder Telefax erledigt werden können – wobei nicht verkannt werden soll, daß persönliche Geschäftsverbindungen für Wirtschaftsunternehmen äußerst wichtig sind. Das unumgängliche Maß dieser Verbindungen sollte jedoch soweit wie möglich per Bahnfahrt erledigt – und zeitlich genutzt werden, wodurch sich die Hektik beim Fliegen sogar als Zeitverschwendung erweisen kann.

Einkaufen per Flugzeug unerwünscht

In diesem Kapitel soll es nicht um neureiche Personen gehen, die zum Wochenend-Einkaufsbummel nach New York fliegen –

diese sind wahrscheinlich schon längst jenseits von Gut und Böse. Es sollen einige Gedanken angeführt werden, die mit dem gewaltigen Frachtaufkommen des Flugverkehrs zu tun haben.

Wir Verbraucher haben uns daran gewöhnt, exotische Frischware in den Kaufhäusern zu finden: Orchideen aus Kenia, Regenwaldpflanzen aus Brasilien, Kiwis aus Neuseeland oder Erdbeeren aus Südafrika. Viele Produkte können uns nur per Flugzeug frisch erreichen. Die Frage ist jedoch, ob diese Produkte tatsächlich benötigt werden und den Preis wert sind, den sie erfordern. Die gesellschaftlichen Kosten sind nämlich weitaus höher, als der reine Ladenverkaufspreis angibt: Der Preis der Umweltverschmutzung durch den irrsinnigen Transport läßt uns zumeist auch aus Unwissenheit kalt.

Hier wäre oftmals etwas mehr Gespür vonnöten, ob solche Produkte den Genuß wert sind, ob wir sie uns leisten können oder dürfen.

Politisches Engagement ist notwendig

In den großen Umweltverbänden sind es erst sehr wenige, die sich aktiv und grundsätzlich mit dem Problemfeld Flugverkehr auseinandersetzen, einige hoffnungslos überlastete Experten. Hinzu kommen noch wesentlich mehr Bürgerinitiativen in der Umgebung von Flughäfen, die sich mit den speziellen Problemen vor Ort auseinandersetzen.

Aufgrund der recht wenigen allgemein zum Thema arbeitenden Personen sind bisher sowohl Politik als auch Wirtschaft kaum unter öffentlichen Druck geraten. Dabei gibt es eine Unzahl von Möglichkeiten, sich zu engagieren. In einer Bürgerinitiative vor Ort, die sich aus direkter Betroffenheit heraus für Beschränkungen auf einem naheliegenden Flughafen stark macht. Oder auch durch Mitarbeit in einer größeren, überregional denkenden Umweltschutzorganisation.

Aber auch als Einzelperson kann man sich engagieren. Briefe an Politiker, Institutionen und Wirtschaftsunternehmen landen bei weitem nicht so oft und schnell im Papierkorb, wie immer gerne glauben gemacht wird (schließlich sorgt dieser allgemeine Glauben auch dafür, daß wenige solcher Auseinandersetzungen überhaupt erst stattfinden). Der Buchautor vermag aus eigener Erfahrung zu bestätigen, daß engagiertes Auftreten in Institutionen durchaus für Nachdenklichkeit und Aktivität sorgen kann – auch wenn dies nach außen hin nicht immer zugegeben wird. Wenn erst einmal der Mut gefunden ist und sich hierzu ein gesundes Maß an Hartnäckigkeit gesellt, dann sind durchaus auch für Einzelpersonen (wenn auch kleine) Erfolge erreichbar. Merke: Wenn viele tausend Personen kleine Erfolge erreichen, dann ist unter dem Strich viel erreicht.

Widerstand hat Tradition

Mittlerweile zieht nahezu jedes bekanntgewordene Flughafenbauprojekt massiven Widerstand nach sich. Dieser kann durchaus Erfolg haben: Scheiterte doch kürzlich gerade der geplante Bau eines Regionalflughafens in Rendsburg-Hohn so-

Widerstand gegen die Startbahn West

wohl an den Aussagen einer Umweltverträglichkeitsprüfung (UVP) als auch an dem schnell und massiv aufbrandenden Widerspruch der Bevölkerung in der sehr „strukturschwachen" Region Schleswig-Holsteins. Es geht also!

Aber in der Bundesrepublik denkt man bei dem Stichwort „Widerstand gegen Flughafenbau und -erweiterung" natürlich an die jahrelangen heftigen Auseinandersetzungen um die mittlerweile im Betrieb befindliche „Startbahn West" des Frankfurter Rhein-Main-Flughafens. Beantragt Ende 1965, war der Planfeststellungsbeschluß 1968 ergangen, jedoch von 44 Klägern angefochten worden. Gerichtlich festgestellte Verfahrensmängel hatten 1970 für die Aufhebung dieses Planfeststellungsbeschlusses gesorgt. Die Prozedur wiederholte sich und endete Mitte 1980 mit der Anordnung der sofortigen Vollziehbarkeit durch den Hessischen Minister für Wirtschaft und Technik. Was folgte, ist den meisten bekannt: Großdemonstrationen und Aktionen von Gegnerinnen und Gegnern des Flughafens, große Polizeiaufgebote zum Schutz der baumfällenden Waldarbeiter, Hüttendörfer und deren Zerstörung. Mit Hilfe massiver Polizeieinsätze wurde die Erweiterung schließlich durchgeboxt. Trauriger Höhepunkt der Aktionen war das Erschießen zweier Polizisten während einer Demonstration – zugleich der Schlußpunkt unter den Widerstandsaktionen.

Weniger bekanntgeworden ist jedoch der langjährige und hartnäckige Widerstand in München gegen den Neubau des Flughafens im nördlich gelegenen Erdinger Moos. Dort war der Widerspruch gegen den Neubau des Flughafens zwar weniger spektakulär als in Frankfurt, jedoch teilweise durchaus erfolgreicher. Bei den ersten Planungen in den 70er Jahren hagelte es rund 26.000 Einwendungen, es gab 250 Anhörungstermine mit jeweils neun Stunden Länge, auf den Planfeststellungsbeschluß folgten sage und schreibe 5.600 Klagen. Mindestens 40 Musterprozesse wurden durchgezogen, mit dem Erfolg, daß die ursprünglich geplante Flughafenfläche um ein Drittel verkleinert werden mußte. Mittlerweile ist man bei den laufenden Bauarbeiten jedoch schon wieder bei der Größe der Ursprungsfläche angelangt. Immerhin wurde Mitte 1989 vor dem Bayerischen Verwaltungsgerichtshof ein überraschend strenges Urteil zur Reduzierung des Fluglärms verkündet, das bei den Fluggesellschaften für einige Unruhe sorgte.

Aber nicht nur in der Bundesrepublik hat der Widerstand gegen den Flughafenbau Geschichte. Aus dem Ausland sind vor allem die jahrelangen Unruhen um den 1978 eröffneten Flughafen Narita in Tokio bekannt geworden. Sechs Jahre lang wurde dort die Eröffnung des neugebauten Flughafens verhindert. So hatten einmal Demonstranten (vor allem Studenten und Bauern) den Kontrollturm gestürmt und die Einrichtung zerstört, was einen Flugbetrieb unmöglich machte. Bei Auseinandersetzungen mit der Polizei gab es Hunderte von Verletzten. Bis zu 13.000 Polizisten wurden zum Schutz des Flughafens aufgeboten.
Doch auch bei den Betreibern weiß man langsam aber sicher, daß es aufgrund der Umweltprobleme beim Luftverkehr immer wieder zu Auseinandersetzungen mit der Bevölkerung kommen wird. Mittlerweile macht man sich sogar Gedanken über Strategien, wie man die liebgewonnenen eigenen Flughäfen „verteidigen" kann. Auszüge aus einem Leserbrief an die Flugfreundliche Zeitschrift „aerokurier" zeigen dies in schon belustigender Weise: Dort wird vehement gefordert, daß jeder Luftsportverein Fachleute mit Kenntnissen des Naturschutzes haben müsse – als „Kollisionsvermeider". Denn: „Mit Hilfe solcher Leute, vor allem wenn sie aktiv und einfallsreich sind, wird dann vermindert vom 'Zurückstecken' gegenüber den einseitig orientierten Natur-, Umwelt- und Landschaftsschützern gesprochen werden müssen. (...) Ob wir noch rechtzeitig reagieren, ist nach dem fortgeschrittenen Stadium der Angriffe und Untersuchungen gegen unsere Plätze nur im Einzelfall zu bewerten. Aus dieser Sicht und aus der Alltagspraxis im Umgang mit den von uns gefürchteten Flugplatzgegnern kann daher nur daran erinnert werden, daß wir versuchen müssen, die gegen uns gerichteten Gefahren zu erkennen, daß wir zumindest gleichwertig sachverständig werden müssen. Möglichst bei gleichzeitigem Verzicht auf das 'Schienbeintreten' bei den Fachbehörden."
Merke: einseitig sind, wenn überhaupt, nicht nur „Natur-, Umwelt- und Landschaftsschützer". Eine absurde Vorstellung eines Freund/Feind-Denkens wird hier offenbar.

Warum eigentlich fliegen? – Oder: »Die Entdeckung der Langsamkeit« in der Praxis

Es gibt keinen Zweifel: beim Tempo auf dieser Erde wird immer mehr zugelegt. Unser gesamtes Wirtschaftssystem basiert darauf, daß man ein Produkt schneller entwickelt, schneller auf dem Markt hat und zum Kunden bringt als die Konkurrenten. Die Spirale der Geschwindigkeit dreht sich ständig schneller.

Der von diesem Tempo bei der Arbeit gestreßte Mensch sucht nach Zerstreuung und Freizeit – aber möglichst ohne Zeitverzug, um keine Minute Freizeit zu vergeuden. Und gerade im Urlaub versucht man dann, diesem ganzen Schlamassel zu entrinnen – und stellt frustriert fest, daß quer durch Europa alle Touristenzentren von Gleichgesinnten überschwemmt sind. Also bleibt beim nächstenmal nur eines: Man muß weiter weg, um sich zu erholen, wo andere vermeintlich noch nicht sind. Hier dreht sich dann eine Spirale der Flucht vor der Hektik.

Die Situation erscheint fast aussichtslos. Solange es auf keiner Seite zu einem Innehalten kommt, wird es auf den vorgezeichneten Bahnen immer weiterlaufen.

Dies alles macht ein neues Nachdenken über unseren Lebensstil nötig. Wir sollten uns unsere Verhaltensweisen durch den Kopf gehen lassen, auch einmal versuchen, Langsamkeit, Ruhe und Gemütlichkeit auf uns wirken zu lassen. Denn nur so können wir den Reiz entdecken, der auch hierin steckt. Mit Schnelligkeit gelingt es uns zwar vorzüglich, nicht über unsere eigenen Probleme und über unsere Umgebung nachdenken zu müssen – aber es entgeht uns auf diese Weise allzu viel. „Fehlende“ Zeit ist mittlerweile sicherlich eine der größten Krankheiten, die sich zunehmend ausbreitet.

Ein intensives Tun und Erleben ist uns überhaupt erst mit Langsamkeit möglich. Menschen, die so leben, werden gar zu oft belächelt und als lahm und langweilig abqualifiziert. Ein neues Denken – oder überhaupt erst ein Nachdenken – hierüber in der Gesellschaft wäre eine lohnende Sache. Unsere rasante Lebensgeschwindigkeit ist unmittelbar und sehr eng mit der Umweltzerstörung auf unserer Erde verbunden. Wenn dies erkannt wird, ist viel erreicht. Dann ginge es auch ohne Flugzeuge.

Anhang

Ein wenig Statistik: Wer und was fliegt wohin?

Die folgenden aktuellen Zahlen sollen zeigen, wo sich der Flugverkehr am meisten ballt. Dies soll einen Eindruck davon vermitteln, wie massiv sich der Flugzeugverkehr auf der Erde schon ausgebreitet hat und welche Entwicklungen sich abzeichnen. Anhand der zahlreichen verschiedenen Aufschlüsselungen der Zahlen wird deutlich, wie gewaltig die durch Flugzeuge erbrachten Transportleistungen bereits sind, aber auch, was für Möglichkeiten noch offenstehen könnten.

Dies geschieht in erster Linie auf der Grundlage von offiziellen Statistiken, die für die Bundesrepublik Deutschland von der „Arbeitsgemeinschaft Deutscher Verkehrsflughäfen" (ADV) mit Sitz im Flughafen Stuttgart erhoben werden. Die internationalen Daten stammen in erster Linie aus den Verkehrsstatistiken der UN-Sonderorganisation „International Civil Aviation Organization" (ICAO). Bei letzteren ist zu berücksichtigen, daß nicht alle Staaten Mitglied sind (z.B. die Sowjetunion) und folglich auch in der Statistik nicht auftauchen.

Anzahl der Flugbewegungen an den größten Flughäfen der Welt

Hier zunächst eine Liste mit den weltweit am häufigsten angeflogenen Verkehrsflughäfen, die im Jahre 1989 über 300.000 Flugbewegungen (also Starts und Landungen, mit der Erfassung von gewerblichen und nichtgewerblichen Flügen) pro Jahr registrierten:

Platz	Stadt / Flughafen	Land	Flugbewegungen
1.)	Chicago / O'Hare Intern.	USA	803.500
2.)	Dallas/Fort Worth / Regional	USA	680.800
3.)	Atlanta / W.B.Hartsfield	USA	665.900
4.)	Los Angeles / International	USA	662.400
5.)	Portland	USA	544.000
6.)	Santa Ana / John Wayne	USA	513.000
7.)	Phoenix / Sky Harbour Int.	USA	484.900
8.)	Denver / Stapleton Intern.	USA	463.800
9.)	Saint-Louis / Lambert	USA	432.500
10.)	San Francisco / Internat.	USA	427.500
11.)	Honolulu / International	USA	403.600
12.)	Boston / Logan	USA	388.800
13.)	Oakland / International	USA	387.000
14.)	Miami / International	USA	385.100
14.)	Las Vegas / McCarran Intern.	USA	385.100
16.)	Pittsburgh / Greater Pittsb.	USA	376.800
17.)	Detroit / Wayne Country	USA	374.500
18.)	Philadelphia / International	USA	373.500
19.)	London / Heathrow	Großbritannien	367.600
20.)	New York / Newark	USA	365.100
21.)	Minneapolis / International	USA	364.000
22.)	Charlotte	USA	359.500
23.)	New York / La Guardia	USA	349.100
24.)	Toronto / L.B.Pearson Int.	Kanada	347.700
25.)	Seattle / Seattle-Tacoma Int.	USA	334.900
26.)	Memphis / International	USA	330.400
27.)	Vancouver / International	Kanada	325.200
28.)	Chicago / Midway	USA	320.200
29.)	San Jose / International	USA	314.300
30.)	Houston / Intercontinental	USA	313.300
31.)	Washington / National	USA	311.200
32.)	Frankfurt / Rhein-Main	BR Deutschland	308.800
33.)	New York / John F. Kennedy	USA	305.100

Während es zwei Jahre zuvor noch 27 Flughäfen waren, die mehr als 300.000 Flugbewegungen zu verzeichnen hatten, so sind dies weltweit inzwischen immerhin 33.

Nahezu ausschließlich Flughäfen in den USA kommen in der Liste der am häufigsten angeflogenen Zivilflughäfen mit den weltweit meisten Starts und Landungen vor, was schon darauf hindeutet, daß die USA eine deutlich führende Stellung beim Flugverkehr haben. Bei einer näheren Betrachtung der von der ICAO jährlich vorgelegten Daten fällt auf, daß es an den einzelnen Flughäfen der USA in den vergangenen Jahren zu z.T. sehr großen Schwankungen kam. Neben einigen explosionsartig wachsenden Flughäfen (z.B. Chicago-Midway, Portland, Phoenix, Honolulu) haben in den letzten Jahren andere Flughäfen spürbare Rückgänge zu verzeichnen (z.B. Atlanta, Detroit, Minneapolis, Denver). Es ist durchaus möglich, daß diese Flughäfen in den Bereich der Sättigung gekommen sind und Verlagerungen des Flugverkehrs stattfanden hin zu anderen Flughäfen der Stadt oder der Region.

Solche drastischen Rückgänge sind in Europa bisher weitgehend unbekannt. Hier gibt es auf allen Flughäfen noch kräftige Gewinne – Rückgänge sind nur an wenigen Orten zu verzeichnen und oft auf Modeerscheinungen der Tourismusbranche zurückzuführen (z.B. haben diverse Flughäfen in Spanien, vor allem Ibiza, in den letzten Jahren weniger Flüge zu verzeichnen). So etwas ist jedoch noch die Ausnahme. Auffällig ist auch, wie weit der „Rest der Welt" den USA hinterherfliegt. Die beiden größten Flughäfen Europas sind unter „ferner liefen" verzeichnet. Andere Kontinente tauchen bei dieser Aufzählung von Starts und Landungen überhaupt nicht auf. Dies mag schon einen Eindruck davon geben, welche großen Entwicklungsmöglichkeiten beim Flugverkehr in diesem „Rest der Welt" noch vorhanden sind. Bei einem Vergleich mit älteren Daten wird deutlich, daß die europäischen Flughäfen ganz langsam, aber stetig „aufholen". Sie werden aber auf absehbare Zeit noch nicht an die Masse der Flüge in Nordamerika heranreichen.

Vor Augen halten sollte man sich auch dies: An allen obigen Flughäfen gibt es mindestens 300.000 Starts und Landungen im Jahr – das sind immerhin im Schnitt 822 pro Tag oder alle zwei Minuten ein Start bzw. eine Landung – sofern es keine Nachtflugbeschränkungen gibt. Dies ist eine sicherlich beeindrukkende Zahl. Die 803.500 Flugbewegungen am Flughafen Chicago-O'Hare bedeuten die unglaubliche Zahl von 2.201 Bewegung am Tag – im Schnitt, während Saisonzeiten jedoch noch mehr. In zwei Minuten sind dies drei Flugbewegungen.

Nicht ganz so dominierend ist die führende Stellung der USA in einer Liste der fünfzehn Flughäfen mit den höchsten Passagieraufkommen (Datenbasis 1989):

Platz	Stadt / Flughafen	Land	Passagiere
1.)	Chicago / O'Hare Internat.	USA	59.250.000
2.)	Dallas/Fort Worth / Regional	USA	47.579.000
3.)	Los Angeles / International	USA	45.700.000
4.)	Atlanta / W.B.Hartsfield	USA	43.312.000
5.)	London / Heathrow	Großbritannien	39.611.000
6.)	Tokio / Haneda	Japan	36.491.000
7.)	New York / John F. Kennedy	USA	30.323.000
8.)	San Francisco / International	USA	29.940.000
9.)	Denver / Stapleton Intern.	USA	27.568.000
10.)	Frankfurt / Rhein-Main	BR Deutschl.	25.868.000
11.)	Paris / Orly	Frankreich	24.118.000
12.)	Miami / International	USA	23.385.000
13.)	New York / La Guardia	USA	23.158.000
14.)	Boston / Logan	USA	22.216.000
15.)	Honolulu / Honolulu Intern.	USA	21.449.000

Seit vielen Jahren völlig unangetastet ist die führende Stellung des Flughafens Chicago/O'Hare. Dort werden im Schnitt pro Tag 162.000 Menschen bewegt – dies entspräche der kompletten Einwohnerzahl einer Stadt wie Leverkusen oder Osnabrück. Überdies etabliert sich neben diesem gigantischen Flughafen in Chicago zunehmend der zweite Chicagoer Flughafen Midway.

Der Flughafen Frankfurt transportiert täglich immerhin noch die Personenzahl einer Stadt wie Paderborn oder Tübingen. Die öffentlichen Verkehrsmittel von Städten dieser Größenordnung würden sich hierzulande freuen, eine so große Personenzahl transportieren zu können. Solch ein Vergleich verdeutlicht die gewaltige Transportleistung, die an den großen Flughäfen hinsichtlich der Personenzahl vollbracht wird.

Von den oben genannten Flughäfen verzeichnet Tokio/Haneda seit langem die höchsten Zuwachsraten: Man kann sich fast jedes Jahr über zweistellige Zuwachsraten freuen. In den letzten drei Jahren verzeichnete man ein Plus von über 9,2 Millionen Passagieren – so viel, wie kein anderer Flughafen der Erde in dieser Zeit. Die nächstgrößten Zugewinne in diesem Zeitraum verzeichneten London/Heathrow (+ 8,3 Mio.), Dallas/Ft. Worth Regional (+ 7,6 Mio.) und Phoenix (+ 7,4 Mio.).

Empfindliche Einbußen unter den größten Flughäfen haben New York/Newark und Denver/Stapleton International zu verzeichnen: In den vergangenen drei Jahren gab es in New York über 8,5 Millionen und in Denver über 7,1 Mio. Passagiere weniger.

Die weltweit größten Frachtflughäfen

Die Flughäfen mit dem größten Frachttransportaufkommen sind weltweit (Zahlenbasis 1989):

Platz	Stadt / Flughafen	Land	Fracht in Tonnen
1.)	New York / John F. Kennedy	USA	1.258.768
2.)	Frankfurt / Rhein-Main	BR Deutschland	1.055.570
3.)	Los Angeles / International	USA	997.810
4.)	Chicago / O'Hare Internat.	USA	958.540
5.)	Tokio / Narita	Japan	888.257
6.)	Miami / International	USA	742.813
7.)	Hongkong / Kai Tak	Hongkong	730.096
8.)	London / Heathrow	Großbritannien	692.151
9.)	Seoul / Kimpo. International	Rep. Korea	621.965
10.)	Paris / Charles de Gaulle	Frankreich	584.726
11.)	Amsterdam / Schiphol	Niederlande	582.228
12.)	Singapur / Changi	Singapur	577.550
13.)	Tokyo / Haneda	Japan	462.244
14.)	San Francisco / International	USA	451.050
15.)	New York / Newark	USA	400.381

Weltweit boomt der Markt des Frachttransportes per Flugzeug in einem noch wesentlich gewaltigeren Maße als der Personentransport. Es mußten auf diesem Transportleistungsgebiet nur wenige Flughäfen Einbußen verzeichnen, während sehr viele mit derzeit jährlich zweistelligen Zuwachsraten aufwarten.

Interessant ist hier, daß die bei den Flugbewegungen und auch noch beim Personenverkehr ganz klar dominierenden USA keine so führende Position haben. In puncto Gütertransport halten Europa und z.T. der Ferne Osten durchaus mit den USA mit. Besonders der Flughafen Frankfurt hat sich hier zu einer Drehscheibe mit der immerhin schon zweitgrößten Transportleistung in der Welt entwickelt.

Als Gigant entpuppte sich in den Jahren von 1986 bis 1989 ein „alter Bekannter“: Während der Personenverkehr auf dem Flughafen Chicago/O'Hare in den letzten Jahren lediglich um wenige Prozentpunkte zulegte, so schraubte man den Gütertransport in ungeahnte Höhen. Man legte binnen nur dreier Jahre um 386.000 Tonnen bzw. 67 Prozent zu. Danach folgten New York/John F. Kennedy (+ 265.000 t), Frankfurt (+ 232.000 t), Singapur (+ 225.000 t) und Seoul (+ 213.888 t). Einbußen in dieser Größenordnung waren nirgendwo zu verzeichnen.

Vormachtstellung der USA schwindet langsam aber stetig

Die Ergebnisse zeigen insgesamt deutlich die gewaltige Vormachtstellung der USA beim Luftverkehr – die riesigen Zahlen der Starts und Landungen, an transportierten Menschen und Gütern wirken fast utopisch. Den offiziellen Statistiken zufolge hat allein der gewaltige Flughafen O'Hare International in Chicago im Jahre 1989 ungefähr so viele Fluggäste befördert, wie die BRD Einwohner hat – eine kaum vorstellbare Transportleistung. Lediglich in Mitteleuropa und im Fernen Osten gibt es Flughäfen, die in Teilen annähernd an die Leistungskapazitäten der nordamerikanischen Luftverkehrsträger herankommen – und diese anscheinend auch als Vorbild nehmen. Allerdings wird zugleich deutlich, daß die Effektivität bei den europäischen Luftverkehrsstrecken größer ist. So kommen auf den Start eines Flugzeuges in den USA im Mittel ca. 60 Passagiere, während beispielsweise in Frankfurt auf einen Flugzeugstart immerhin gut 80 Passagiere kommen (Tendenz steigend) – es werden also zur Beförderung einer bestimmten Anzahl von Personen weniger lärm- und abgasintensive Starts benötigt.

Im Bereich des Güterverkehrs ist auffällig, daß bei einem Vergleich mit der Anzahl der Flüge in den USA relativ wenig Transport mit dem Flugzeug stattfindet. Besondere Bemühungen gibt es auf diesem Sektor in Mitteleuropa und im Fernen Osten, wo neben Tokio und Hongkong auch Seoul, Osaka, Taipeh und Singapur ganz vorn in der Statistik liegen.

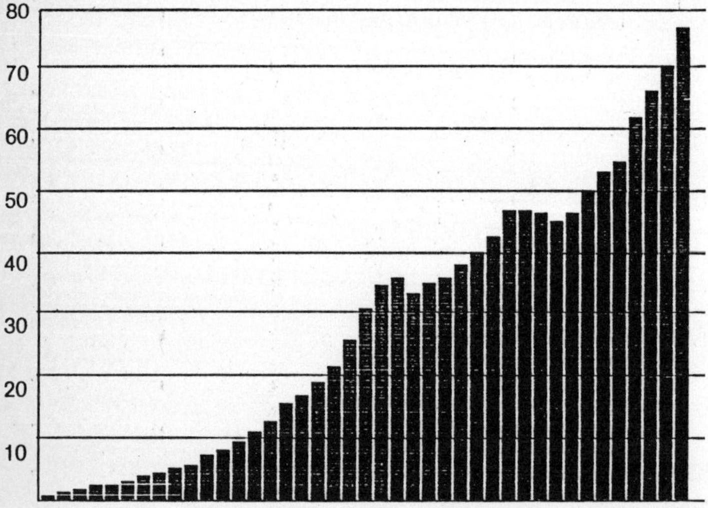

Abb. 18: Anzahl der per Flugzeug beförderten Personen (in Millionen) in der Bundesrepublik seit 1952. Es wird ein nahezu ungebremstes Wachstum deutlich, das lediglich in den Jahren der Ölkrise ein wenig abflachte, jedoch gerade in den letzten Jahren umso rasanter mit z.T. zweistelligen Zuwachsraten zunimmt (die Angabe für 1990 ist eine Schätzung des Bundesministers für Verkehr).

Bundesdeutsche Fliegerei: Welche Zivilflughäfen dominieren hier?

Auch für die bundesdeutschen Zivilflugplätze lassen sich solche Statistiken angeben und so die Belastungsschwerpunkte aufzeigen. Im Jahre 1989 gab es in der Bundesrepublik insgesamt rund 1,2 Millionen Flüge im gewerblichen Flugverkehr, 1,4 Millionen nichtgewerbliche Flüge sowie 1,3 Millionen Segelflüge. Die zwanzig Flughäfen bzw. -plätze mit den meisten Starts und Landungen von Flugzeugen sind in der Bundesrepublik (Zahlenbasis 1989, ADV):

Platz	Flugplatz	Flugbewegungen
1.)	Frankfurt/Main	308.772
2.)	München	189.901
3.)	Düsseldorf	148.484
4.)	Hamburg	138.428
5.)	Stuttgart	123.617
6.)	Köln/Bonn	112.775
7.)	Egelsbach	99.631
8.)	Berlin-Tegel	97.716
9.)	Hannover	91.238
10.)	Lübeck	75.204
11.)	Essen/Mülheim	74.152
12.)	Nürnberg	71.356
13.)	Augsburg	70.534
14.)	Mönchengladbach	66.538
15.)	Braunschweig	61.972
16.)	Bremen	57.484
17.)	Karlsruhe	56.150
18.)	Friedrichshafen	50.652
19.)	Münster/Osnabrück	49.751
20.)	Mannheim	49.568

Den ersten vorliegenden Informationen zufolge wurde im ersten Quartal des Jahres 1990 im Vergleich zum gleichen Zeitraum 1989 auf den Verkehrsflughäfen eine Zunahme der gesamten Flugbewegungen um 7,2 Prozent erzielt. Bei den gewerblichen Flügen lag diese Steigerung sogar bei 10,4 Prozent.

Die meisten Passagiere im gewerblichen Flugverkehr (ohne Transitreisen) in der Bundesrepublik wurden an folgenden zwanzig Flughäfen und -landeplätzen befördert (Jahr 1989):

Platz	Flughafen	Passagiere	Position weltweit
1.)	Frankfurt	25.868.135	10.
2.)	Düsseldorf	10.404.747	50.
3.)	München	10.036.439	54.
4.)	Hamburg	6.099.150	82.
5.)	Berlin-Tegel	5.939.220	85.
6.)	Stuttgart	3.811.816	119.
7.)	Köln/Bonn	2.623.016	154.
8.)	Hannover	2.557.955	156.
9.)	Nürnberg	1.282.808	
10.)	Bremen	1.056.757	
11.)	Münster/Osnabrück	227.709	
12.)	Saarbrücken	225.062	
13.)	Dortmund	147.017	
14.)	Friedrichshafen	98.650	
15.)	Paderborn/Lippstadt	97.757	
16.)	Essen/Mülheim	96.715	
17.)	Mönchengladbach	77.582	
18.)	Egelsbach	71.633	
19.)	Augsburg	59.954	
20.)	Kiel	42.987	

Hierzu kommen seit Anschluß der DDR an die Bundesrepublik noch die vier größeren Verkehrsflughäfen der früheren DDR. Vor allem der Flughafen Berlin-Schönefeld machte hier bisher Umsatz: im Jahre 1989 wurden 2.898.148 Passagiere befördert – dies wäre in einer gesamtdeutschen Statistik immerhin der siebte Platz gewesen. Über die drei anderen Verkehrsflughäfen auf dem Gebiet der früheren DDR liegen keine genauen Zahlen vor, sondern nur soviel, daß Dresden-Klotzsche, Leipzig-Schkeuditz und Erfurt-Bindersleben zusammen auf rund 700.000 Passagiere kamen. Besondere Bedeutung kamen Dresden-Klotzsche als Ausweichflughafen für Berlin-Schönefeld zu (daher 24 Stunden geöffnet), sowie Leipzig-Schkeuditz als Flughafen während der seinerzeit noch äußerst wichtigen Messe-Tage.

Im ersten Quartal 1990 stieg das Passagieraufkommen auf den bundesdeutschen Verkehrsflughäfen um 11,2 Prozent im Vergleich zum selben Zeitraum des Vorjahres. Im Linienverkehr lag diese Quote bei 13,5 Prozent, im Inlandsdienst sogar bei 14,9 Prozent. Die höchsten Zuwachsraten wurden erzielt in Münster/Osnabrück (26 %), Nürnberg (16,4 %), Bremen (14,8 %), Köln/Bonn (14,1 %), Stuttgart (13,7 %) und München (13,4 %).

Die größten Frachtflughäfen der Bundesrepublik sind:

Platz	Flughafen	Fracht
1.)	Frankfurt	1.055.570
2.)	Köln/Bonn	146.568
3.)	München	52.275
4.)	Düsseldorf	45.196
5.)	Hamburg	36.910

Wohin wird aus der Bundesrepublik geflogen?

Nach Angaben des ADV sind 52 % aller Flugbewegungen in der Bundesrepublik im Linienverkehr Inlandsflüge, wovon ein Drittel nach und von Berlin gingen. Lediglich auf den Flughäfen in Düsseldorf (55 %) und in Frankfurt (69 %) liegt der Anteil der Auslandsflüge über der Hälfte.

Von den Passagieren der Auslandsflüge, die im Linienverkehr durchgeführt wurden, flogen die meisten Personen in die folgenden Länder (Zahlenbasis 1989):

1.)	USA	2.254.013
2.)	Großbritannien	1.977.932
3.)	Frankreich	979.220
4.)	Italien	835.795
5.)	Schweiz	763.211
6.)	Spanien	575.293
7.)	Österreich	521.942
8.)	Türkei	371.580
9.)	Niederlande	343.896
10.)	Griechenland	339.293

Die größten Zuwächse im Vergleich zum Vorjahr machten die Flüge in Richtung Türkei (+ 21,6 %), Japan (+ 16,8 %), Sowjetunion (+ 14,8 %) und Frankreich (+ 13,6 %). Eine rückläufige Entwicklung ist derzeit für keines der bedeutendsten Länder festzustellen – es wird im Linienverkehr überallhin immer mehr geflogen, eine Verlagerung ist nicht festzustellen. Die große Zahl von fast 2,3 Mio. Personen, die jährlich in die USA fliegen, dürfte manchen überraschen. Ebenso überraschend und bedenklich ist sicherlich die große Anzahl von Auslandsflügen in das unmittelbar benachbarte Ausland (Frankreich, Schweiz, Österreich), wohin es zumeist auch gute Zugverbindungen gibt. Dies gilt natürlich für die Inlandsflüge erst recht.

In einem längerfristigen Vergleich über neun Jahre haben am stärksten Indien (+ 164 %), Japan (+ 125 %), die Türkei (+ 121 %), Finnland (+ 110 %) und Schweden (+ 101 %) zugelegt.

Charterflugverkehr mit starken Schwankungen

Ein anderes Bild ergibt sich erwartungsgemäß im Charterflugverkehr. Dieser ist wesentlich stärker abhängig von modischen Trends der Tourismusbranche. Hier die zehn von den meisten Personen aus der Bundesrepublik im Charterflug angeflogenen Staaten (für 1989):

1.)	Spanien	3.292.788
2.)	Griechenland	878.083
3.)	Türkei	614.967
4.)	Tunesien	410.075
5.)	Jugoslawien	210.296
6.)	Großbritannien	201.739
7.)	Portugal	164.471
8.)	Italien	143.042
9.)	Marokko	96.307
10.)	Ägypten	92.741

Auf diesem Gebiet des Fluggeschäftes gibt es im Gegensatz zum Linienverkehr sehr deutliche und für die betroffenen Staaten in jeder Hinsicht spürbare Änderungen. Nahezu die Hälfte des gesamten Charterflugverkehrs (1989: insgesamt 6,8 Mio. aus der Bundesrepublik beförderte Personen) ging nach Spanien. Hierbei muß bedacht werden, daß sowohl die Balearen als auch die Kanarischen Inseln einen Löwenanteil an diesem Geschäft haben, das im Laufe der letzten Jahre gemächlich aber stetig gesteigert werden konnte.

Die bedeutendsten Zuwächse von 1988 auf 1989 hatten die folgenden Staaten zu verzeichnen: Dominikanische Republik (+ 156 %), Mexiko (+ 89 %), Ägypten (+ 78 %), Thailand (+ 75 %), Malta (+ 32 %), Türkei (+ 28 %) und Kenia (+ 25 %). Die größten Einbußen (oder sollte man besser schreiben: Entlastungen?) gab es bei Flügen von bzw. nach Kuba (- 34 %), Jugoslawien (- 17 %), Großbritannien (- 16 %), Sri Lanka (- 14 %), Bulgarien (- 11 %) und Marokko (- 8 %).

Im Laufe der vergangenen zehn Jahre haben sich hier zum Teil sehr drastische Verschiebungen ergeben, die auf starke Änderungen der Urlaubsziele schließen lassen. So hat der Pauschalreiseverkehr in die Türkei in diesem Zeitraum um den Faktor 30 zugenommen, nach Ägypten um den Faktor 12. Über 100 Prozent große Steigerungen erlebten in dieser Zeit auch Griechenland (+ 112 %) und Marokko (+ 129 %). Drastische Einbrüche in der gleichen Zeit verzeichneten vor allem Rumänien (- 89 %), Bulgarien (- 34 %), Großbritannien (- 32 %) und Italien (- 32 %). Auch über längere Zeiträume lassen sich also komplette Trendwenden erkennen. So bedeutet der Rückgang von 89 Prozent des Rumänien-Pauschaltourismus nahezu einen Kollaps der dortigen Tourismusbranche.

Luftgüterverkehr – wohin eigentlich?

Leider liegen hierzu nur sehr grobe Angaben mit einer Unterteilung in Regionen, jedoch nicht nach Einzelstaaten vor. Trotzdem bietet sich ein interessantes Bild über die Zielregionen des Luftfrachtaufkommens, das zum überwiegenden Teil über Frankfurt abgewickelt wird. 1989 waren die Spitzenreiter beim Frachtversand:

1.)	Nordamerika	152.586 t
2.)	Fernost/Australien	93.492 t
3.)	Nahost	29.733 t
4.)	Mittelost	27.925 t
5.)	Britische Inseln	25.611 t

6.)	Iberische Halbinsel	15.816 t
7.)	Südamerika	15.661 t
8.)	Afrika ohne Nordafrika	15.558 t
9.)	Skandinavien	14.017 t
10.)	Karibischer Raum	13.591 t

Erschreckend ist, daß insgesamt fast 100.000 t Fracht in europäische Länder starten, davon rund 67.000 t in EG-Länder. Es ist ein wahrer Umweltfrevel, den Gütertransport in die Luft zu verlagern. Wenn sogar Staaten wie die Benelux-Länder, Frankreich, Österreich, Italien und die Schweiz schon mit Tausenden von Tonnen Luftfracht beliefert werden, dann scheint hier langsam jede Verhältnismäßigkeit verloren zu gehen. Während die großen Industriefirmen zunehmend jede Lagerhaltung scheuen und diese in den vergangenen Jahren auf die Straße verlegten, scheint jetzt, wo die nahezu kostenlose „Lagerhalle Straße“ mehr und mehr ihren Dienst versagt und im Stau erstickt, die „Lagerhaltung“ zunehmend in die Luft verlegt zu werden. Hierzu stellt sich auch zwingend die Frage, welche Produkte in der Bundesrepublik überhaupt hergestellt werden, daß sie nur mit dem Flugzeug transportiert werden könnten, da sie ansonsten verkommen könnten. Die meisten bundesdeutschen Produkte ließen sich bei vernünftiger Planung ohne Zweifel auch per Bahn und Schiff versenden.

Hier die Hauptregionen, aus denen Luftfracht in der Bundesrepublik ankam (Frachtempfang 1989):

1.)	Nordamerika	138.794 t
2.)	Fernost/Australien	115.798 t
3.)	Nahost	36.668 t
4.)	Britische Inseln	25.095 t
5.)	Afrika ohne Nordafrika	17.627 t
6.)	Südamerika	14.592 t
7.)	Südost-Europa	13.956 t
8.)	Mittelost	13.648 t
9.)	Skandinavien	9.267 t
10.)	Iberische Halbinsel	9.118 t

Literaturhinweise

Es wird an dieser Stelle mit Absicht eine umfangreiche Literaturliste angehängt, denn viele der auftretenden Umweltprobleme konnten in diesem Buch nicht mit erschöpfender Ausführlichkeit behandelt werden. Die vorhandene Liste kann keinen Anspruch auf Vollständigkeit erheben. Ebenso sind einige Hinweise vorhanden, die für die Entstehung dieses Buches zwar keine herausragende Rolle spielten, jedoch möglicherweise spezielles Interesse bei den Lesern und Leserinnen finden mögen. Ein gewisser Schwerpunkt der Literaturhinweise liegt jedoch auf dem Gebiet Luftverschmutzung und Klimagefährdung durch Flugzeuge – dies kristallisiert sich derzeit zunehmend als die möglicherweise gewichtigste, weil globale Umweltgefährdung durch den Luftverkehr heraus.

Achilles, Olaf (Hg.): „Tiefflug", Lamuv Taschenbuch 51, Bornheim-Merten, 1987

Achilles, Olaf/Lange, Jochen: „Tiefflieger", Rowohlt Taschenbuch Verlag, rororo aktuell Nr. 12579, Hamburg, 1989

„Airport-Report: Engpaß zwischen Himmel und Erde", in Profitravel, Heft 4/1990, Düsseldorf, 1990

Allen, Roy: „Große Flughäfen der Welt", Orell Füssli Verlag, Zürich, 1968

Arbeitsgemeinschaft Deutscher Verkehrsflughäfen: Jahresbericht 1989 „Verkehrsleistungen der deutschen Verkehrsflughäfen", Teil 1: Text, Teil 2: Tabellen, Stuttgart, 1990

Arbeitskreis Verkehr und Umwelt e.V. (UMKEHR): „Informationsdienst Verkehr", Hefte 32-34, Berlin, 1989/90

Armbruster, Jürgen: „Die Freiheit über den Wolken", Signal-Verlag, Baden-Baden, 1990

Bächmann, Prof. Dr. K., et al: „Untersuchung der Schwermetallbelastung im Raum der Einflugschneise des Frankfurter Flughafens", Fachbereich für Anorganische Chemie und Kernchemie der technischen Universität Darmstadt, Darmstadt, 1980

Banks, Peter M./Ride Sally K.: „Die sowjetische Raumfahrt", in: Spektrum der Wissenschaft, Heft 4/89, Heidelberg, 1989

Behörde für Bezirksangelegenheiten, Naturschutz und Umweltgestaltung: „Schadstoffmessungen am Flughafen" in: Luftbericht '82, S. 123f, Hamburg, 1982

Bischoff, Roland: „Klima-Gefahr durch Flugzeuge", in: Bild der Wissenschaft, Heft 2/90, Stuttgart, 1990

Bund für Umwelt- und Naturschutz Deutschlands: „Alptraum Luftverkehr?", „Die Tutzinger Forderungen", „Umweltgerechte Flugverkehrspolitik", in: Globus-Mappe Nr. 11/88, Stuttgart, 1988

Bundesamt für Umweltschutz: „Luftverschmutzung und Gesundheit", Schriftenreihe Umweltschutz Nr. 87, Bern, April 1988

Bundesamt für Umwelt, Wald und Landschaft: „Belastungsgrenzwerte für den Lärm von Militärflugplätzen“, Schriftenreihe Umweltschutz Nr. 103, Bern, April 1989

Der Bundesminister für Umwelt, Naturschutz und Reaktorsicherheit: „Bericht der Bundesregierung an den Deutschen Bundestag – Vierter Immissionsschutzbericht der Bundesregierung“, Bonn, 1988

Der Bundesminister für Umwelt, Naturschutz und Reaktorsicherheit: „Umweltradioaktivität und Strahlenbelastung, Jahresbericht 1986“, Bonn, 1990

Der Bundesminister f. Umwelt, Naturschutz u. Reaktorsicherheit, Referat IG I 3: „Luftreinhaltung im Verkehrsbereich“, Bonn, 1990

Der Bundesminister für Umwelt, Naturschutz und Reaktorsicherheit: „Umwelt '90: Luftreinhaltung/Lärmbekämpfung“, Bonn, 1990

Der Bundesminister für Verkehr: „Umweltschutz im Verkehr“, Bonn, 1985

Der Bundesminister für Verkehr: „Bundesverkehrswegeplan 1985“, Bonn, 1985

Der Bundesminister für Verkehr: „Dynamisches Verkehrswachstum“, in: Verkehrsnachrichten, Heft 11/90, Bonn, 1990

Corcoran, Elizabeth / Beardsley, Tim: „Kosmo-Kommerz“, in: Spektrum der Wissenschaft, Heft 9/90, Heidelberg, 1990

Crutzen, Paul J./Müller, Michael (Hg.): „Das Ende des blauen Planeten? Der Klimakollaps: Gefahren und Auswege“, Beck'sche Reihe 385, Verlag C.H.Beck, München, 1989

Danninger, Sissy: „Unheil über unseren Köpfen“, in: Umweltschutz, Heft 12/89, Wien, 1989

Desel, Ulrich: „Wo bleibt der Wettbewerb?“, in: aerokurier, Heft 9/88, Frankfurt, 1988

Deutsche Lufthansa AG: „Lufthansa Jahrbuch“, Jahrgänge 1985 – 1989, Köln, 1985-89

Deutsche Lufthansa AG: „Lufthansa Informationen: Zur Umwelt“, Köln, 1990

Deutsche Lufthansa AG: Presseinformation zu Flugzeug und Umwelt, Hamburg, 10.5.1990

Deutscher Bundestag, Enquete-Kommission „Vorsorge zum Schutz der Erdatmosphäre“: „Schriftliche Stellungnahmen zum Thema 'Klimarelevante Emissionen und Energieeinsatz des Verkehrssektors sowie Maßnahmen zur Reduktion von Schadstoffen und Energieeinsatz'“, Bonn, 1989

Deutscher Bundestag, Ref. Öffentlichkeitsarbeit (Hg.): „Schutz der Erdatmosphäre: Eine internationale Herausforderung – Zwischenbericht der Enquete-Kommission des 11. Deutschen Bundestages 'Vorsorge zum Schutz der Erdatmosphäre'“, Bonn, 2. Aufl., 1989

Deutscher Bundestag, Ref. Öffentlichkeitsarbeit (Hg.): „Schutz der Erde – Eine Bestandsaufnahme mit Vorschlägen zu einer neuen Energiepolitik“, Band 1+2, Bonn, 1990

Deutscher Bundestag: Bundestags-Drucksachen:
– Nr. 10/1560: Emissionen aus Düsenflugzeugen, 1984
– Nr. 10/2699: Luftverkehr und Waldschäden, 1985
– Nr. 11/ 712: Umweltbelastungen durch Flugzeugtreibstoffe, 1987
– Nr. 11/2483: Transport radioaktiver Materialien in Passagierflugzeugen, 1988
– Nr. 11/2828: Schadstoffemissionen im Flugverkehr, 1988
– Nr. 11/3835: Schadstoffemissionen im Flugverkehr (II), 1989
– Nr. 11/7806: Ozon – Gesundheitsgefährdung für fliegendes Personal?, 1990

Ditze, Alexander: „Start ins Chaos", Haag + Herchen Verlag, Frankfurt, 1989

Dollinger, Hans: „Der Himmel hat Grenzen", C. Bertelsmann Verlag, München Gütersloh Wien, 1974

Elvingson, Per: „Aircraft and Environment", in: Acid News, Heft 4/89, Göteborg, 1989

Entenmann, Fritz: „Der Protest der Honoratioren", in: Natur, Heft 3/88, 1988

Fabian, Peter: „Atmosphäre und Umwelt", 3. Aufl., Springer-Verlag Berlin Heidelberg, 1989

Flughafen Frankfurt/Main AR: „Airport FRA – Portrait des Flughafens Frankfurt Main", Frankfurt, 1989

Flughafen Frankfurt/Main AG: „Planungen zum Ausbau der Fluggast-Serviceanlagen – Eine Dokumentation", Reihe Fachthemen Nr. 10, Frankfurt, 1989

Flughafen Frankfurt/Main AG: Geschäftsberichte 1988 und 1989, Frankfurt, 1989 und 1990

Flughafen Frankfurt/Main AG: „Ausbau 2000", Frankfurt, 1990

Flughafen Hamburg: „Projekt Kaltenkirchen", Kühn-Verlag, Hambur, 1974

Flughafen Hamburg: „Unser Konzept für die Zukunft", Hamburg, 1989

Flughafen Hamburg: „Fluglärmreport", Ausgabe 1/90, Hamburg, 1990

Freudenstädter Aktionseinheit gegen das Waldsterben: „Das Tabu-Thema Flugverkehr", Freudenstadt, 2. Aufl., 1990

Gaber, Haral/Natsch, Bruno: „Gute Argumente: Klima", Beck'sche Reihe 392, Verlag C.H.Beck, München, 1989

Giesecke, Dieter: „Kühne Pläne für Schkeuditz und Oppin", in: Mitteldeutsche Zeitung vom 6.11.1990, Halle/Saale

Golwer, A./Fischer, G./Gorbauch, H./Schneider, W.: „Belastung von Böden und Grundwasser an Start- und Landebahnen des Flughafens Frankfurt Main", in: Forum Städte Hygiene, Heft 1/2-1989, Patzer Verlag, Berlin, 1989

Graßl, Hartmut/Klingholz, Reiner: „Wir Klimamacher – Auswege aus dem globalen Treibhaus", S. Fischer Verlag, Frankfurt, 1990

Grooten, W. / Aufm Kampe, W. / Küsters, E.: „Luftbelastung in der Umgebung von Flugplätzen – Untersuchungen mittels Bioindikatoren“, in: promet – Meteorologische Fortbildung, Heft 1/2-1990, Offenbach, 1990

Günther, Irmhild: „Lärm und Schmutz vom Himmel“, in: UmweltMagazin, Heft 12/88, 1988

Hefter, Thomas: „Giftküche über den Wolken“, in: Report, Heft 5/88, 1988

Held, Dr. Martin (Hg.), Evangelische Akademie Tutzing: „Ökologische Folgen des Flugverkehrs“, Tutzinger Materialie Nr. 50/1988, Tutzing, 1988

Held, Martin (Hg.), Evangelische Akademie Tutzing: „Ecological Impacts of Aircraft Emissions“, Tutzinger Materialie 66/1990, Tutzing 1990

Der Hessische Minister für Umwelt und Reaktorsicherheit: „Luftreinhalteplan Untermain“, Wiesbaden, 1988

Hessischer Landtag: Landtagsdrucksache Nr. 12/7893: Kerosinbelastung infolge Notlandungen am Flughafen Frankfurt, Frankfurt 1991

Hillebrand, Helga L.: „Japan-Papier – Hyperschall-Konzepte aus Nippon“, in: Flug-Revue, Heft 1/89, Stuttgart, 1989

Hillebrand, Helga L.: „Ideen für Wasserstoff-Airliner“, in: Flug Revue, Heft 5/89, Stuttgart, 1989

Hillebrand, Helga L.: „Lärmurteil schränkt München ein“, in: Flug Revue, Heft 9/89, Stuttgart, 1989

Hillebrand, Helga L.: „Radioaktive Strahlung im Cockpit“, in: Flug Revue, Heft 6/89, Stuttgart, 1989

Hillebrand, Helga L.: „Köln wird Europa-Drehscheibe“, in: Flug Revue, Heft 8/89, Stuttgart, 1989

Hillebrand, Helga L.: „Umweltsünder Luftverkehr“, in: Flug Revue, Heft 11/89, Stuttgart, 1989

Hufelschulte, Josef/Paczian, Werner: „Die Schneise des Todes“, in: Quick, Heft 33/90, München, 1990

Institut für Energie- und Umweltforschung Heidelberg (IFEU)/ TÜV Rheinland: „Emissionsminderung durch rationelle Energienutzung und emissionsmindernde Maßnahmen im Verkehrssektor“, Heidelberg/Köln, 1989

Jopp, Klaus: „Sänger – mit der Flugzeug ins All“, in: hobby, Heft 4/90, 1990

Jordan, Bruce C./Brodercik, Anthony J.: „Emissions of Oxides of Nitrogen from Aircraft“, in: Journal of the Air Pollution Control Association, Heft 2/79, 1979

Kalka, N./Hauröder-Strüning, U.: „Chemische Flugfeldenteisung und deren Auswirkung auf die Umwelt“, in: promet – Meteorologische Fortbildung, Heft 1/2-1990, Offenbach, 1990

Karpf, Walter: „Umweltschädling Flugzeug“, in: Hörzu, Hamburg, 1988

Keppler, Erhard: „Die Luft, in der wir leben“, R. Piper Verlag, München Zürich, 1988

Kersten, Dr. Wolfgang: „Die Untersuchung von gasförmigen Immissionen im Bereich des Hamburger Flughafens“ (Diplomarbeit), Hamburg, 1981

Knapp, Wolfram/Potsdam, Theo/Hillebrand, Helga L./Ride, Sally: „Umwelt-Spione im All“, in: Bild der Wissenschaft, Heft 9/90, Stuttgart, 1990

Kneifel, Dr. Dr. J.L.: „Fluggesellschaften und Luftverkehrssystem der sozialistischen Staaten UdSSR, Polen, CSSR, Ungarn, Bulgarien, Rumänien, Kuba, Jugoslawien und der VR China“, Verlag F. Steinmeier, Nördlingen, 1980

Koch, Egmont R.: „Die Lage der Nation 85/86 – Umwelt-Atlas der Bundesrepublik“, GEO im Verlag Gruner + Jahr, Hamburg, 1985

Lahmann, Erdwin: „Luftverunreinigungen im Bereich von Verkehrsflughäfen“, in: Forum Städte-Hygiene, Heft 11-12/79, Hannover, 1979

Lahmann, Erdwin: „Luftbelastung durch den Flugverkehr“, Vortragsmanuskript, Berlin, 1989

Lahmann, Erdwin: „Luftverunreinigung – Luftreinhaltung“, Verlag Paul Parey, Berlin und Hamburg, 1990

Landesanstalt für Immissionsschutz Nordrhein-Westfalen: „Berichte über die Luftqualität in Nordrhein-Westfalen – Sondermessungen Greven“, Essen, 1988

Landesanstalt für Immissionsschutz Nordrhein-Westfalen: „Berichte über die Luftqualität in Nordrhein-Westfalen – Sondermessungen Flughafen Köln/Bonn“, Essen, 1988

Luber, Heike/Luber, Burkhard: „Tiefflug der amerikanischen Luftwaffe in Rheinland Pfalz“, in: MÖP Rundbrief, Heft 17/18, Dortmund, 1989

Mensen, Heinrich: „Moderne Flugsicherung – Organisation, Verfahren, Technik“, Springer Verlag, Berlin Heidelberg New York London Paris Tokyo, 1989

Mödder, Gynter: „Leben mit Strahlen“, Bund-Verlag, Köln, 1988

Müller, H.: „TU-155: Umweltfreundlich durch Wasserstoffantrieb“, in: aerokurier, Heft 6/90, Frankfurt, 1990

Müller, Karlhans: „Das komplette Buch vom Fliegen“, S. Fischer Verlag, Frankfurt, 1981

Müller, Klaus: „Köln wird Europa-Drehscheibe“, in: Flug-Revue, Heft 8/89, Stuttgart, 1989

Müller, Klaus: „Schall und Rauch – Hyperschall: Mit X-30 zu neuen Geschwindigkeits-Dimensionen“, in: Flug Revue, Heft 1/90, Stuttgart, 1990

Notgemeinschaft der Flughafen-Anlieger Hamburg e.V.: „Programm zur Lärm- und Abgasminderung am Flughafen Hamburg“, Hamburg, 1989

Ökologische Briefe: „Die Bedeutung des Flugverkehrs für eine globale Klimaänderung“, in Heft 2/1990, Frankfurt, 1990

Ökologische Briefe: „Verkehrspolitik der EG verschärft die Umweltkrise“, in Heft 3/1990, Frankfurt, 1990

Ökologische Briefe: „Gesundheitsschäden als Folge militärischer Tiefflüge“, in Heft 5/1990, Frankfurt, 1990

Ökologische Briefe: „Hyperschall-Technologie gerät ins politische Kreuzfeuer“, in Heft 22/23/1990, Frankfurt, 1990

Oeser, Kurt (Hg.): „Bürger gegen Fluglärm – Zehn Jahre Bundesvereinigung gegen Fluglärm e.V.“, Wegra-Verlagsgesellschaft, Stuttgart, 2. Aufl., 1978

Oeser, K./Beckers, J.H. (Hg.): „Fluglärm“, Verlag C.F.Müller, Umwelt aktuell Bd. 19, Karlsruhe, 1987

Ossing, Cletus: „Der Looping durchs Ozonloch“, in; die tageszeitung vom 16.6.1990

Pfeiffer, Martin/Fischer, Manfred: „Unheil über unseren Köpfen?“, Quell Verlag, Stuttgart, 1989

Pletschacher, Peter: „Welterfolg Airbus: was haben diese Flugzeuge, das andere nicht haben?“, in: P.M. Magazin, Heft 9/89, Verlag Gruner + Jahr AG, München, 1989

Pletschacher, Peter: „Wer fliegen will, kann fliegen – noch...“ und „Die neuen, riesigen Passagierflugzeuge für das Jahr 2000“, in: P.M. Magazin, Hefte 8/90 und 9/90, Verlag Gruner + Jahr AG, München, 1990

Pompl, Wilhelm: „Luftverkehr – Eine ökonomische Einführung“, Springer-Verlag, Berlin Heidelberg, 1989

Puttkamer, Jesco von: „Rückkehr zur Zukunft – Bilanz der Raumfahrt nach Challenger“, Umschau Verlag, Frankfurt, 1989

Raiß, Ludwig: „Wasserstoff statt Kerosin: Der Sonne entgegen“, in: Treffpunkt Flughafen Frankfurt, Heft 3/89, Frankfurt, 1989

Reickow, Hans-Peter: „Reizwort Umwelt“, in: LeitWerk, das Magazin für die Führungskräfte der Lufthansa, Heft 6/89, 1989

ROBIN WOOD: „Luftgifte aus der Düse“, in: ROBIN WOOD-Magazin, Heft 2/84, Hamburg, 1984

ROBIN WOOD: „Umweltgefahr Flugverkehr“, Faltblatt, Hamburg, 1989

ROBIN WOOD: „Fliegen – Traum oder Alptraum?“ in: ROBIN WOOD Aktuell, 5/89, Bremen, 1989

ROBIN WOOD: „Klima Aktionsbuch – Was tun gegen Ozonloch und Treibhauseffekt?“, Verlag Die Werkstatt, Göttingen, 1990

Rohrmann, Bernd/Finke, Hans-Otto/Guski, Rainer/Schümer, Rudolf/Schümer-Kohrs, Anke: „Fluglärm und seine Wirkung auf den Menschen“, Verlag Hans Huber, Bern Stuttgart Wien, 1978

Roth, Peter: „Auf Kollisionskurs mit der Umwelt“, in: Chancen 3/88, 1988

Ruge, U./Burkhardt, H.-J.: „Sind in der Nähe eines Flughafens sowie in den Einflugschneisen Vegetationsschäden zu erwarten?“, in: Angewandte Botanik, Göttingen, 1979

Sänger, Prof. Dr. E.: „Einfluß der Hyperschallflugtechnik und Raumfahrttechnik auf die Entwicklung von Strahltriebwerken“, Hoermann- Verlag, Hof, 1959

Saison Aktuell: „Erst sollen die 'Stinker' zahlen“, in: Saison, Heft 2/90, Verlag Gruner + Jahr, Hamburg, 1990

Schmailzl, Dr. Uta V.: „Klimagefahr durch den Flugverkehr", in: Ökologische Konzepte, Heft 31/89, 1989

Schneider, Hans: „Flugzeugbau", 2. Aufl., Verlag W. Girardet, Essen, 1976

Schönwiese, Christian-Dietrich/ Diekmann, Bernd: „Der Treibhauseffekt - Der Mensch ändert das Klima", rororo Sachbuch 8512, Rowohlt Verlag, Hamburg, 1989

Serchinger, Hartwig: „Ohne Alternative", in: Hamburger Wirtschaft, Heft 1/91, 1991

Sonnemann, Gerd: „Ist unsere Atmosphäre noch im Gleichgewicht?", Urania-Verlag, Leipzig Jena Berlin, 1986

Speier, Peter: „Sie wollten einen Flugplatz – jetzt bauen sie halb Oberbayern um", in: P.M. Magazin, Heft 6/89, München, 1989

Der Spiegel: „Oben ballt sich was", Heft 14/89, Hamburg, 1989

Statitisches Bundesamt: Verkehr, Fachserie 8/Reihe 6 1988, Stuttgart, 1989

Steinberg, Morris A.: „Werkstoffe in der Luft- und Raumfahrt", in: Spektrum der Wissenschaft, Heft 12/86, Heidelberg, 1986

Tagungsbericht II. Bundesweite Aktionskonferenz gegen Luftverschmutzung, S. 25-26, Kassel, 1984

Technische Universität Braunschweig: „Mit Hyperschall in die 90er Jahre", in: TU Aktuell, Heft 1/90, Braunschweig, 1990

Technische Universität München, Lehrstuhl für Raumfahrttechnik: „Umweltbeeinflussung durch die Raumfahrt", München, 1989

Thomalla, Volker K.: „Studie belegt: Chaos am Himmel", in: Flug Revue, Heft 6/90, Stuttgart, 1990

Thomalla, Volker K.: „Schulterschluß zwischen Lufthansa und Interflug", in: Flug Revue, Heft 6/90, Stuttgart, 1990

Thomalla, Volker K.: „Die Russen geben Gas – TU-155 fliegt mit Wasserstoff", in: Flug-Revue, Heft 7/90, Stuttgart, 1990

Thomalla, Volker K.: „Alles dreht sich um den Knall" und „Viel los im Moos", in: Flug-Revue, Heft 9/90, Stuttgart, 1990

TÜV Norddeutschland: „Untersuchungen zu den Geruchs-Immissionen, die vom Flughafen Hamburg-Fuhlsbüttel verursacht werden", Hamburg, 1987

TÜV Rheinland: „Ermittlung der Emissionsverhältnisse auf dem Verkehrsflughafen Hamburg-Fuhlsbüttel, Fortschreibung 1987", Mainz, 1989

TÜV Rheinland, Institut für Energietechnik und Umweltschutz: „Ermittlung der Abgasemissionen aus dem Flugverkehr über der Bundesrepublik Deutschland", Köln, 1988

Tutzinger Forum Ökologie (Hg.): „Ökologische Folgen des Flugverkehrs", Tutzing, 1988

Umweltbehörde Hamburg: „Luftbelastung durch Flugverkehr", Hamburg, 1985

Umweltbehörde Hamburg: „Lärmschutz am Flughafen Hamburg", Hamburg, 1986

Umweltbehörde Hamburg, Amt für Umweltuntersuchungen: „Messungen gasförmiger Luftschadstoffe im Bereich des Flughafens Fuhlsbüttel 1987/88“, Hamburg, 1989

Umweltbehörde Hamburg: „Fluglärmschutzbericht“ Jahrgge. 1988 und 1989, Hamburg, 1989 und 1990

Umweltbundesamt: „Waldschäden durch Flugzeugabgase?“, in: Monatsberichte aus dem Meßnetz, Heft 8/83, Berlin, 1983

Umweltbundesamt: „Untersuchung der Verteilung von Luftschadstoffen aus Flugzeugmotoren“, in: Monatsberichte aus dem Meßnetz, Heft 9/84, Berlin, 1984

Umweltbundesamt: Jahresberichte 1985 – 1989, Berlin, 1986-90

Umweltbundesamt: „Luftreinhaltung '88 – Tendenzen – Probleme – Lösungen“, Erich Schmidt Verlag, Berlin, 1989

Umweltbundesamt: „Lärmbekämpfung '88 – Tendenzen – Probleme – Lösungen“, Erich Schmidt Verlag, Berlin, 1989

Umweltbundesamt: „Daten zur Umwelt 1988/89“, Erich Schmidt Verlag, Berlin, 1989

Verband Deutscher Flughäfen: „Sonder-Information zur aktuellen Lage im Flugverkehr“, Faltblatt, Frankfurt, 1989

Verkehrsclub Deutschland: „Flughafen im Gegenwind“, in: Bahn frei – Das Verkehrsjournal des VDC im Norden, Hamburg, 1990

Vorholz, Fritz: „Kerosin am Himmel“, in: Die Zeit, Nr. 22/89, Hamburg, 1989

Wähner, Horst: „München 2: Großflughafen auf der 'grünen Wiese'“, in: Treffpunkt Flughafen Frankfurt, Heft 1/90, Frankfurt, 1990

Weber, Matthias: „Dicke Luft aus der Düse“, in: Stern, Hamburg, 1988

Weyer, Monika: „Luftverkehr und Luftverschmutzung“, in: Öko- Mitteilungen – Informationen aus dem Institut für Angewandte Ökologie, Heft 2/87, Freiburg, 1987

Weyer, Monika/Höpfner, Ulrich: „Alptraum Luftverkehr?“, in: Globus- Mappe 11/88, Stuttgart, 1988

Weyer, Monika/Höpfer, Ulrich: „Klimafaktor Luftverkehr“, in: Öko- Mitteilungen – Informationen aus dem Institut für Angewandte Ökologie, Heft 1/89, Freiburg, 1989

Weyer, Monika: „Flugverkehr – Emissionen unterschätzt?“, in: Öko- Mitteilungen – Informationen aus dem Institut für Angewandte Ökologie, Heft 1/90, Freiburg, 1990

World Health Organization (Hg.): „Die Verunreinigung der Luft“, Verlag Chemie, Weinheim/Bergstr., 1964

Wichtige Adressen

Evangelische Akademie Tutzing, Postfach 227, 8132 Tutzing, Tel.: 08158/251-116 (dort Tutzinger Materialie Nr. 50: „Ökologische Folgen des Flugverkehrs", sowie Nr. 66: „Ecological Impacts of Aircraft Emissions")

Verkehrsclub der Bundesrepublik Deutschland (VCD) e.V., Kalkuhlstraße 24, 5300 Bonn 3, Tel.: 0228/440006

Institut für angewandte Ökologie (Öko-Institut) e.V., Binzengrün 34, 7800 Freiburg, Tel.: 0761/36439

ROBIN WOOD, Arbeitsgruppe Flugverkehr, Nernstweg 32, 2000 Hamburg 50, Tel.: 040/3909556

Bund für Umwelt und Naturschutz, Im Rheingarten 7, 5300 Bonn 3, Tel.: 0228/400970

Greenpeace e.V., Vorsetzen 53, 2000 Hamburg 11, Tel.: 040/31186-0

Arbeitskreis Verkehr und Umwelt (UMKEHR) e.V., Kirchstraße 4, 1000 Berlin 21

Bundesvereinigung gegen Fluglärm e.V., Brückenstraße 9, 6082 Mörfelden-Walldorf

Bundeskoordinationsstelle der Tiefflug-Gegner, Obere Schloßgasse 3, 6509 Biebelnheim, Tel.: 06733/7897

Bürger-Initiativen-Gegen Fluglärm Hamburg (BIG) e.V., Nirrnheimweg 3, 2000 Hamburg 61, Tel.: 040/5536974

Freudenstädter Aktionseinheit gegen das Waldsterben, Postfach 570, 7290 Freudenstadt, Tel.: 07441/84238 (dort Broschüre „Das Tabu-Thema")

Arbeits- und Forschungsstelle „Militär, Ökologie und Planung" (MÖP) e.V., Reuterstraße 44, 5300 Bonn 1, Tel.: 0228/261108 oder 261359

Institut für Energie- und Umweltforschung Heidelberg e.V. (IFEU), Im Sand 5, 6900 Heidelberg, Tel.: 06221/10101

Umweltbundesamt, Bismarckplatz 1, 1000 Berlin 33

Vereinigung Cockpit, Lerchesbergring 24, 6000 Frankfurt 70, Tel.: 069/681065